Histologischer Atlas von Zupfpräparaten unfixierter menschlicher Organe und Gewebe

Von

Dr. phil. et med. Hanns Plenk
Privatdozent für Histologie an der Universität Wien

Mit 49 Abbildungen im Text
und auf 28 Tafeln

Springer-Verlag
Berlin Heidelberg GmbH
1928

ISBN 978-3-7091-9698-4 ISBN 978-3-7091-9945-9 (eBook)
DOI 10.1007/ 978-3-7091-9945-9

Buch- und Kunstdruckerei „Steyrermühl“, Wien VI

Vorwort

Die Untersuchung frischer (unfixierter) menschlicher Organe und Gewebe an einfachen Isolationspräparaten, die manchem heute als eine primitive und veraltete Methode erscheinen mag, wird — mit guten Gründen! — an den österreichischen Hochschulen immer noch nicht nur in den „Histologischen Übungen" gelehrt und geübt, sondern die Anfertigung und Erklärung eines derartigen „Zupfpräparates" bildet sogar einen Teil der praktischen Prüfung aus Histologie. Den Studierenden gerade für diesen Teil ihres Histologiestudiums, der an die Schärfung ihrer Beobachtungsgabe weitaus größere Anforderungen stellt als das Erkennen der meisten Einzelheiten an gefärbten Schnitten, einen Lehrbehelf an die Hand zu geben, der bisher gefehlt hat, war der Hauptzweck, der mich zur Abfassung dieses Buches bestimmt hat.

Ich habe daher von einer Berücksichtigung aller Organe, die sich überhaupt mit der Technik frischer Isolationspräparate untersuchen lassen, abgesehen und habe mich auf eine Auswahl jener Gewebe und Organe beschränkt, die von den Studierenden an der Wiener Universität an Zupfpräparaten untersucht zu werden pflegen. Derjenige, der den Stoff dieses Buches sich zu eigen gemacht hat, wird sich trotzdem auch bei Anwendung dieser Methode auf hier nicht beschriebene Organe zurechtfinden, weil er bereits mit der großen Mehrzahl der ja fast überall in gleicher Weise vorkommenden Gewebselemente (Gefäße, Nerven, Muskelfasern, Bindegewebe, Blutelemente usw.) vertraut ist. Daß dieses auf eine einzige Untersuchungstechnik gegründete Buch kein Lehrbuch der Histologie ersetzen kann und will, braucht wohl nicht erst betont zu werden. Es wurde daher auch so abgefaßt, daß die notwendigen Kenntnisse in der allgemeinen und in der Organhistologie nicht erst gelehrt, sondern schon vorausgesetzt werden.

Trotz dieses Zuschnittes auf die Bedürfnisse des Studenten hoffe ich doch, daß auch dem Fachmanne dieses Büchlein gelegentlich willkommen sein wird, wenn er sich über die Ergebnisse dieser zwar so alten und primitiven, aber doch vielfach so aufschlußreichen Untersuchungsmethode unterrichten will. Auch die zunehmende Beschäftigung mit Gewebskulturen wird vielleicht manchem Forscher eine zusammenhängende Darstellung der isolierten, unfixierten Gewebselemente wünschenswert erscheinen lassen. Ich habe daher auch manche Einzelheiten mit aufgenommen, die schwer und selten zu beobachten sind, die zum Teil auch auf heute noch umstrittene Probleme Bezug haben. Durch Kleindruck oder Einklammern derartiger Einzelheiten wurde dafür gesorgt, daß durch sie nicht die Aufmerksamkeit des Studenten von dem Wesentlichen abgelenkt werde. Dies soll im Hinblick auf die Bedürfnisse der Studenten an dieser Stelle ausdrücklich hervorgehoben werden und gilt auch für denjenigen, der dieses Buch nur als Hilfsmittel benützen will, um von irgendeinem Gewebsstückchen rasch eine Organdiagnose machen zu können, eine Fertigkeit, die gerade für den Praktiker nicht zu unterschätzen ist und die nicht außer Gebrauch kommen sollte.

Es liegt in der Natur der hier gelehrten Isolationsmethode — und gehört mit zu ihren erzieherischen Werten —, daß sie das Objekt ihrer Untersuchung zunächst einmal bis zu den Grenzen makroskopischer Sichtbarkeit verstehen muß. Das Organstück, das ich zum Einbetten und Schneiden herausnehme, ist für diese Methode, die ein paar Kubikmillimeter Substanz verarbeitet, schon ein Riesenkomplex; ich muß bereits genau wissen, was ich zum Zerzupfen herausschneide. Dementsprechend ist eine genaue makroskopische Beschreibung den hier abgehandelten Organen vorangestellt.

Die einzige Schwierigkeit, die bei der Abfassung dieses Werkchens zu überwinden war, lag in den Abbildungen. Die Mikrophotographie kam aus mehrfachen Gründen nicht in Betracht: Bei vielen der dargestellten Objekte bereitet der Mangel an Kontrasten und die Gebundenheit der Photographie an eine Einstellungsebene unüberwindliche Schwierigkeiten; außerdem aber bildet der Umstand, daß eine günstige und charakteristische Stelle so häufig zwar zur Zeichnung, nicht aber zur Photographie geeignet ist, gerade bei den Isolationspräparaten eine endlose Kette von Hindernissen. Nicht zuletzt aber verlangen gerade diese so zarten und meist wenig kontrastreichen Objekte bei ihrer Wiedergabe jene gesteigerte Wirklichkeit, die nur die Zeichnung zu geben vermag. Der Leser soll ja an den Bildern lernen, was er am Objekt sehen soll. Dabei wären aber schematisierte Abbildungen auch wieder nur ein schwacher Notbehelf gewesen. Es wurde also eine möglichst naturgetreue Wiedergabe im Verein mit deutlicher Charakteristik angestrebt, die sowohl das Wiedererkennen eines Objektes im Präparat als auch dessen

Ausdeutung ermöglichen soll. Ich habe versucht, dies durch Ausführung der Zeichnungen auf einem schwach getönten Papier zu erreichen, das dem ja auch nicht maximal hellen Gesichtsfeld im Mikroskop entspricht, auf das sich erst die verschiedengradigen Steigerungen der Helligkeit aufbauen, wie sie durch Objekte von verschiedener Lichtbrechung hervorgerufen werden. (Bei Wiedergabe der ungefärbten Objekte auf einem weißen, bereits maximal hellen Untergrund geht das Leuchtende dieser Gebilde verloren, durch Wiedergabe in Weiß auf schwarzem Untergrund würde das Bild das Aussehen eines Präparates bei Dunkelfeldbeleuchtung annehmen.) Die Zeichnungen habe ich durchwegs nur bei zwei Vergrößerungen angefertigt, wie sie den beiden an den Schülermikroskopen des hiesigen Institutes angebrachten Reichert-Objektiven 4 b und 7 a entsprechen. Ich halte dies für eine wesentliche Erleichterung für den Anfänger, weil er schon durch Berücksichtigung der Größe eines fraglichen Objektes von einer Reihe von Fehldiagnosen bewahrt wird.

Um mich in meiner Darstellung nicht unnötig wiederholen zu müssen, habe ich die häufigsten Verunreinigungen und eine Reihe von Gewebselementen, die in beinahe allen Organen zu finden sind, im zweiten Kapitel zusammenhängend besprochen und dabei vor allem die Unterscheidungsmerkmale zwischen ähnlichen Gebilden, die häufig vom Anfänger verwechselt werden, herausgearbeitet.

Es ist nur billig, daß ich dieses Vorwort nicht schließe, ohne zunächst Viktor v. Ebners zu gedenken, in dessen Unterrichtsprogramm bereits fast alles in diesem Buche Dargestellte enthalten war. Mein besonderer Dank gilt aber meinem väterlichen Lehrer und Vorstande, Herrn Hofrat Josef Schaffer, für die Ermunterung zur Abfassung dieses Werkchens sowie für mannigfachen dabei gewährten Rat. Auch meinen Kollegen, Prof. Viktor Patzelt und Dozent Josef Lehner, bin ich für manches kritische Urteil zu Dank verpflichtet.

Wien, im März 1928

Der Verfasser

Inhaltsverzeichnis

I. Einiges über die Anfertigung und das Studium frischer Zupfpräparate

Das zur Anfertigung frischer Zupfpräparate notwendige Arbeitsgerät ist sehr einfach, muß aber nichtsdestoweniger gewissen Anforderungen unbedingt entsprechen. Man benötigt an Instrumenten:

1 kleine (!), nach der Fläche gekrümmte Schere,

1 feine (!), spitze Pinzette und

2 Zupfnadeln, die in einem Holz- oder Metallgriff gefaßt sind; die Nadeln müssen fein zugeschärft sein, was man nötigenfalls immer von neuem selbst an einem (mit Öl oder Wasser befeuchteten, nicht trockenen!) Schleifstein besorgen muß; die Nadeln dürfen aber nicht zu dünn sein, weil sie sich sonst bei schwer zerzupfbaren Geweben zu stark biegen. Für ein reinliches und sauberes Arbeiten ist es auch unbedingt erforderlich, daß man 2 Tücher zur Verfügung hat: ein rein gewaschenes, altes Taschentuch (womöglich aus Leinen) zum Putzen der Deckgläser und Objektträger, das nur zu diesem Zweck verwendet wird, und ein beliebiges Tuch zum Trockenwischen der Instrumente, die sofort nach ihrer Benützung in Wasser abzuspülen sind; denn selbstverständlich dürfen die Instrumente erst nach dieser Reinigung und Trocknung an ein neues Organ herangebracht werden.

Um einen Zupfer richtig herauszuschneiden, muß man zunächst makroskopisch Bindegewebe, Fett usw. von dem jeweiligen spezifischen Organgewebe, das man untersuchen will, unterscheiden lernen; denn das zur Untersuchung entnommene Stückchen muß ja außerordentlich klein sein, meist nur ein Klümpchen von etwa 2 mm Durchmesser. Es werden im folgenden noch die im einzelnen nötigen Hinweise gegeben werden. Grundsatzlich aber achte man darauf, daß die feine Pinzette zum Zurechtrücken und Festhalten des Organs dienen soll, nicht aber dazu, das herauszuschneidende Stückchen anzufassen und wegzuheben. In diesem Falle hatte man das Stückchen, das man nachher untersuchen will, bereits durch Quetschung geschädigt. Die nach der Flache gekrümmte Schere ermöglicht es, das herausgeschnittene Stückchen auf der Schere liegend wegzuheben und von dort direkt auf den Objektträger abzustreifen.

Das Zerzupfen erfolgt in einer 0,75%igen Kochsalzlösung, die ein für diesen Zweck hinlänglich isotonisches Medium darstellt. Sehr blutreiche Organe müssen vorher ausgewaschen werden (selbstverständlich nicht in Wasser, sondern ebenfalls in Kochsalzlösung). Man schwenkt das herausgeschnittene Klümpchen in einem großen Kochsalztropfen ausgiebig hin und her, lockert es eventuell mit den Nadeln auf und überträgt es in einen frischen Kochsalztropfen auf einen anderen Objektträger, wo das eigentliche Zerzupfen vorgenommen wird. Ich werde im folgenden bei jenen Organen, wo es erforderlich ist, diese Prozedur anzuwenden, durch das Schlagwort „auswaschen" darauf hinweisen. Der Kochsalztropfen soll so reichlich bemessen sein, daß er den Raum unter dem Deckglase vollständig ausfüllt (keine Lufträume übrigbleiben); dies ist außerordentlich wichtig, weil eine zu geringe Flüssigkeitsmenge eine so starke kapillare Anpressung des Deckglases verursacht, daß empfindlichere Gewebselemente unfehlbar dadurch gequetscht werden und die so wertvolle Plastik des Zupfers ganz verlorengeht. Luftblasen in größerer Menge sind eben meist ein Zeichen dafür, daß man diese Vorsicht außer acht gelassen hat. Anderseits darf man nicht so viel Flüssigkeit nehmen, daß das Deckglas hin und her schwimmt oder gar oberflächlich benetzt wird; im letzteren Falle würde die Frontlinse eines stärkeren Objektivs eintauchen. Die Größe des Flüssigkeitstropfens richtet sich im übrigen nach der Größe der unzerzupft gebliebenen Teilchen (die nie beträchtlich sein darf) und muß daher durch Erfahrung erlernt werden. Hiefür ist es aber günstig, wenn man sich an eine konstante Deckglasgröße gewöhnt; als zweckmäßig kann eine solche von 18 × 18 mm empfohlen werden.

Der Grad des Zerzupfens hängt ganz von dem untersuchten Organ ab; von Organen mit leicht isolierbaren Elementen (z. B. Milz, Thymus) kann man schon in einer halben Minute genügend viel Elemente isolieren; allzu starkes Zupfen ist sogar zu vermeiden, weil eine zu hochgradige Trübung durch die massenhaft isolierten Zellen entstehen würde. Schwer zerzupfbare Organe (z. B. Nabelstrang oder Speicheldrüsen) müssen dagegen mit Geduld und Ausdauer weitgehend zerkleinert werden, wenn man günstige Präparate erhalten will. Den Skelettmuskel wiederum zerreißt man nicht planlos, sondern man spaltet systematisch immer senkrecht auf die Längsrichtung der Fasern. In allen Fällen muß man es vermeiden, daß durch größere unzerzupfte

Gewebspartien die Verwendung einer allzu dicken Flüssigkeitsschichte notwendig wird. Solche Präparate sind nicht nur unklar wegen der vielfach übereinanderliegenden Teilchen, sondern können auch bereits eine Einstellung der am Boden liegenden Elemente mit einer stärkeren Vergrößerung unmöglich machen. Das in diesem Buche durchwegs als stärkere Vergrößerung verwendete Objektiv 7 a von Reichert hat einen Arbeitsabstand von 0,4 mm; man ersieht daraus, daß also eine 0,5 mm dicke Flüssigkeitsschichte diese zulässige Grenze bereits beträchtlich überschreitet.

Beim Einstellen eines Zupfpräparates ist es (mehr noch als sonst) notwendig, zuerst die schwache Vergrößerung zu nehmen und von unten nach oben einzustellen, d. h. man geht zunächst über den Arbeitsabstand des Objektivs (der bei Objektiv 4 b von Reichert zirka 3 mm beträgt) hinaus und hebt dann unter Hineinschauen den Tubus so lange, bis das Präparat im Gesichtsfeld erscheint. Findet man beim ersten Male nichts, so gehe man unter Kontrolle des Auges von außen wieder auf 1 bis 2 mm heran und wiederhole den Vorgang; man achte auch darauf, daß die Blende nicht zu weit offen ist; dies ist am häufigsten der Grund, daß man ein sehr zartes und durchsichtiges Objekt zunächst überhaupt nicht findet. Bei ungefärbten Präparaten muß man ja im allgemeinen viel stärker abblenden als bei gefärbten, bei der schwächeren Vergrößerung wieder in höherem Maße als bei der stärkeren.

Man mache sich überhaupt zur Regel, ein Präparat nicht sofort und ausschließlich bei starker Vergrößerung zu untersuchen. Viele Dinge überblickt und findet man besser bei schwacher Vergrößerung. Speziell das Erkennen eines Gewebes oder Organs ist nicht nur bei schwächerer Vergrößerung meist schon ohne weiteres möglich, sondern in vielen Fällen viel leichter als bei starker Vergrößerung. Ich habe daher fast bei allen hier besprochenen Organen auch die bei schwacher Vergrößerung sichtbaren charakteristischen Elemente abgebildet und beschrieben. Besonders ein planmäßiges Aufsuchen (und nicht bloß zufälliges Finden) der meisten Bestandteile setzt gerade eine Schulung des Beobachtens mit schwacher Vergrößerung voraus.

Wenn man den geübten Mikroskopiker überhaupt vor allem daran erkennt, daß sein Auge nie ohne Unterstützung durch die Mikrometerschraube arbeitet, so gilt diese Forderung im höchsten Maße für die frischen Zupfpräparate! Ist doch die Durchmusterung aller Ebenen des Präparates hier naturgemäß noch viel notwendiger als an dünnen Schnitten. Dazu kommt aber noch der außerordentlich wichtige Umstand, daß im ungefärbten Präparat ein und dasselbe Gebilde bald hell, bald dunkel erscheinen kann, je nach dem Wechsel der Einstellung, wobei aus dem Eintreten des Aufleuchtens bei hoher oder tiefer Einstellung erschlossen werden kann, ob das Gebilde stärker oder schwächer lichtbrechend ist als die Umgebung. Diese für ein richtiges Beobachten einfach grundlegende Unterscheidung wird im Abschnitt „Fetttropfen und Luftblasen" des zweiten Kapitels ausführlicher besprochen werden und wird uns in allen Teilen dieses Buches bei den verschiedensten Objekten immer wieder begegnen.

Schließlich achte man auch auf die natürlichen Farben in einem Zupfpräparat, deren Wiedergabe in diesem Buche leider mit zu großen Kosten verknüpft gewesen wäre. Besonders blutgefüllte Gefäße und Pigmente treten im frischen Zupfer oft mit größter Anschaulichkeit hervor. Es gehört weiterhin zu den Vorteilen dieser Methode, daß man die an den meisten Schnittpräparaten nur als Vakuolen sichtbaren Einschlüsse von Fett oder Lipoiden in außerordentlich deutlicher Weise zu sehen bekommt.

Zum Schlusse noch eine Bemerkung über die Haltbarkeit frischer Organe und der Zupfpräparate selbst. So sehr es natürlich zu empfehlen ist, nur möglichst lebensfrische Organe zur Untersuchung zu verwenden, so soll doch hier nach vieljähriger Erfahrung festgestellt werden, daß man von Leichenteilen, die im Kühlschrank bei zirka 5 bis 8° C aufbewahrt werden, auch nach mehr als 24 Stunden post mortem noch sehr gute Präparate bekommen kann. Wichtiger noch als die Frische ist die schonende Entnahme des Objektes aus der Leiche und ferner (besonders bei der Niere) der Zustand des Organs, das Fehlen pathologischer Veränderungen, die oft makroskopisch gar nicht sichtbar sind; bei Magen und Darm wieder spielt der Füllungszustand eine große Rolle, da das Vorhandensein von Darminhalt (meist) die Zersetzung begünstigt. Das fertige Zupfpräparat beginnt schon nach einer halben Stunde sich zu verändern, vor allem durch Austrocknung vom Rande her; man kann die durch den Flüssigkeitsverlust eintretende Quetschung durch Zusatz neuer Kochsalzlösung an den Rand des Deckglases einigermaßen aufhalten, besser noch, wenn man das Präparat unbedingt ein paar Stunden erhalten will, durch Umrahmung mit Paraffin oder Harz. Im allgemeinen aber soll man sich darauf einrichten, ein derartiges Präparat eben nur eine halbe bis eine Stunde zu untersuchen, und es nötigenfalls lieber durch ein frisches ersetzen.

II. Dinge, die in den meisten Zupfpräparaten vorkommen

1. Fetttropfen und Luftblasen; Grundsätzliches zur Bildentstehung im Mikroskop

Fetttropfen stammen in erster Linie aus beim Zupfen zerrissenen Fettzellen — wenn solche reichlich vorhanden sind, führt dies sogar zu einer sehr störenden Überschwemmung des Zupfers mit Fetttröpfchen —, kommen aber auch in den verschiedensten anderen Zellen vor (z. B. Leberzellen, Nierenepithelien, Bindegewebszellen), bei deren Zerstörung sie ebenfalls isoliert werden können. Sie sind kugelförmig, vorausgesetzt, daß ihr Durchmesser nicht die Dicke der Flüssigkeitsschichte überschreitet, und bilden sich im Mikroskop als Kreise ab, die von dicken, schwarzen Linien umrahmt sind und bei einer gewissen Einstellung hell aufleuchten, und zwar ergibt sich das Maximum der Helligkeit bei hoher Einstellung (Abb. 1, *2*), d. h. dann, wenn man, von der Einstellung auf den größten Durchmesser (Abb. 1, *1*) ausgehend, den Tubus hebt. (Dies geschieht bei

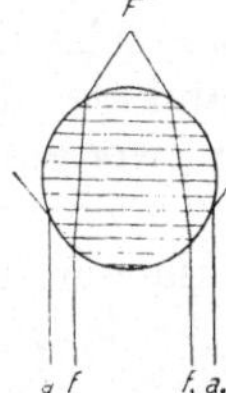

Abb. 1. Gang der Lichtstrahlen durch einen Fetttropfen; f und f_1 Strahlen, die zu einem realen Brennpunkt F (oberhalb des Tropfens) vereinigt werden; a und a_1 Strahlen, die nicht mehr ins Objektiv gelangen können (Auslöschungslinie)

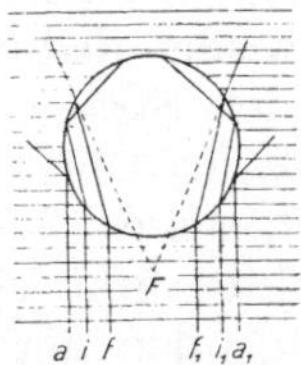

Abb. 2. Gang der Lichtstrahlen durch eine Luftblase; f und f_1 Strahlen, welche so gebrochen werden, daß sie aus einem imaginären Brennpunkt F (unterhalb der Blase) zu kommen scheinen; i und i_1 Strahlen, die an der die Luftblase begrenzenden Flüssigkeitsschichte reflektiert werden und zur Interferenz kommen (Farbenringe); a und a_1 Strahlen, welche nicht ins Objektiv gelangen (Auslöschungslinie)

Stativen mit vertikal stehender Mikrometerschraube durch eine Drehung entgegen dem Uhrzeiger [mnemotechnisch: so, wie wenn man eine normalgängige Schraube aus dem Tische herausdrehen würde]). Daß dies so sein muß, kann man sich leicht durch die Überlegung ableiten (Textabb. 1), daß das Fettkügelchen stärker lichtbrechend ist als die umgebende Flüssigkeit und daher auf die von unten kommenden (parallelen) Lichtstrahlen wie eine kleine Konvexlinse wirkt und sie daher in einem oberhalb des Kügelchens gelegenen Brennpunkte vereinigen muß (Strahlen f und f_1 der Textabb.). Der dicke schwarze Rand entsteht dadurch, daß die auf den Rand der Kugel auftreffenden Strahlen (a und a_1 der Textabb.) derartig reflektiert werden, daß sie nicht mehr ins Objektiv gelangen können.

Luftblasen, die leicht beim Auflegen des Deckglases ins Präparat gelangen, aber auch in manchen Organen (z. B. massenhaft in der Lunge) enthalten sein können, sind (wenn sie die Dicke der Flüssigkeitsschichte nicht überschreiten) kugelförmig und erscheinen ebenfalls als von dicken schwarzen Linien begrenzte Kreise (Abb. 2), bei welchen aber das Maximum der Helligkeit bei tiefer Einstellung auftritt (Abb. 2, *2*), d. h. dann, wenn man, von der Einstellung auf den größten Durchmesser ausgehend, die Mikrometerschraube im Sinne des Uhrzeigers dreht (so, wie man eine normalgängige Schraube in den Tisch hineinschrauben würde). Optisch erklärt sich dies dadurch (Textabb. 2), daß das Luftbläschen ein Kügelchen von schwächerer Lichtbrechung ist als die umgebende Flüssigkeit, daher als Konkavlinse wirkt, welche die von unten kommenden Strahlen (f und f_1 der Textabb.) in einem imaginären Brennpunkte, der unterhalb des Kügelchens gelegen ist, vereinigt. Der dicke schwarze Rand entsteht wieder dadurch, daß die auf den Rand des Bläschens auftreffenden Strahlen (a und a_1) so reflektiert werden, daß sie nicht mehr ins Objektiv gelangen können.

Außer dieser hier geschilderten und erklärten Lage des Brennpunktes gibt es noch mehrere Unterschiede im mikroskopischen Bilde der Fetttropfen und Luftblasen, die es dem Geübteren ermöglichen, sie schon auf den ersten Blick zu unterscheiden. So ist vor allem der schwarze Rand, die „Auslöschungslinie", bei Luftblasen noch dicker als bei Fetttropfen, weil die Brechungsquotienten von Luft und Kochsalzlösung stärker voneinander unterschieden sind als die von Fett und Kochsalzlösung[1]).

Ein weiterer Unterschied ergibt sich aus einem Vergleich von Abb. 1, *1* und Abb. 2, *1*, Fetttropfen und Luftblase bei

---

[1]) Man sieht daraus, daß die Auslöschungslinien, durch die ein Gebilde hervortritt, in ihrer Intensität nicht von der absoluten Größe seines Brechungsquotienten, sondern von der Differenz dieses Brechungsquotienten gegenüber dem der Umgebung abhängen. Ferner kann man sich an Fetttropfen und Luftblasen auch leicht davon überzeugen, daß die Dicke der Auslöschungslinie zunimmt, je enger man die Blende zuzieht; man wird daraus die Wichtigkeit genügenden Abblendens für die Sichtbarmachung zarter Strukturen ermessen können!

mittlerer Einstellung: Am Bild der Luftblase sehen wir den dunkelsten Ring nicht in unmittelbarem Anschluß an den äußeren Rand, sondern von diesem durch eine etwas breitere, halbhelle Zone getrennt; diese Zone zeigt Farbenringe, die durch Interferenz zustande kommen, und zwar sind es die in Textabb. 2 mit i und i_1 bezeichneten Strahlen, welche an der die Luftblase begrenzenden Flüssigkeitsschichte reflektiert werden und so eine solche Zone von Interferenzerscheinungen hervorrufen.

Größere Fett- und Luftmassen werden durch das Deckglas flach gequetscht und können, durch andere Gebilde im Präparat an ihrer Ausbreitung verhindert, mannigfaltige Formen annehmen.

Die an diesen Objekten erörterten Grundsätze mikroskopischer Bildentstehung sind natürlich auch für die richtige Beurteilung vieler anderer Gebilde von größter Wichtigkeit. So erkennt man z. B. Vakuolen oder Kanälchen im Zytoplasma (Abb. 14, *8 K*; Abb. 35, *Bel. Z.*) einer Zelle daran, daß sie bei tieferer Einstellung aufleuchten, weil sie ja mit einer Flüssigkeit gefüllt sind, die schwacher lichtbrechend ist als das Zytoplasma. Diesem Aufleuchten geht eine durch Interferenz bedingte, deutlich rötliche Färbung des Hohlraumes voraus. Anderseits erkennt man stärker lichtbrechende Einschlüsse des Zytoplasmas, z. B. Sekretkörnchen (Abb. 35, *H. Z.*), Tröpfchen von Fett oder fettartigen Substanzen (sog. „Lipoiden"), an ihrem Aufleuchten bei hoher Einstellung, das oft mit einer grünlichen Farbe einhergeht. Auch die kollagenen Fibrillen und elastischen Fasern des Bindegewebes (Abb. 8) sind stärker lichtbrechend als ihre Umgebung und leuchten bei hoher Einstellung auf; in diesem Falle erscheinen sie, und zwar je dicker sie sind, desto deutlicher (daher gut an dickeren elastischen Fasern zu beobachten) „doppelt konturiert", weil sich ja die durch das zylindrische Gebilde erzeugte „Brennlinie" (wenn man so sagen darf) beiderseits durch eine Auslöschungslinie begrenzen muß. Röhrchen aus stärker lichtbrechender Substanz, z. B. eine Kapillare (Abb. 11, *1*) oder die Membrana propria eines Harnkanälchens (Abb. 43, *P. r. 3*) erscheinen, wenn man nicht auf ihre obere oder untere Fläche, sondern auf die Mitte einstellt (im sogenannten „optischen Schnitt"), in Form zweier aufleuchtender Linien, die sich wieder jede durch zwei Auslöschungslinien abgrenzen müssen, so daß man auch hier sagt: Das Röhrchen begrenzt sich mit einem Doppelkontur. Besonders in die Augen springend ist der Sinn dieser Bezeichnung, wenn diese Wandschicht eines Röhrchens sehr dick und auch noch besonders stark lichtbrechend ist, wie z. B. an den markhaltigen („doppeltkonturierten“) Nervenfasern (Abb. 20). Das gleiche gilt schließlich auch für die Kernmembranen, wie man sich bei Betrachtung fast jeder Abbildung dieses Buches überzeugen kann.

In diesem Zusammenhange sei auch darauf verwiesen, wie man eine Faser und eine senkrecht zur Ebene des Präparates gelagerte, also im optischen Schnitt untersuchte Membran unterscheiden kann: Erst durch Gebrauch der Mikrometerschraube läßt sich feststellen, daß die Faser aus dem Gesichtsfeld verschwindet, während die Membran sich weiter in die Höhe oder Tiefe verfolgen läßt. Auch Falten einer Membran lassen durch ihren Übergang in das Flächenbild der Membran ihre wahre Natur erkennen.

Zum Schlusse sei auch noch darauf aufmerksam gemacht, daß die Menge der an den Rändern eines Objektes abgelenkten, nicht ins Objektiv gelangenden Strahlen bei einem schwächeren Objektiv größer ist als bei einem stärkeren, bei ersterem also (relativ!) breitere Auslöschungslinien entstehen. Darauf beruht es, daß stark lichtbrechende Einzelheiten (wie z. B. mit Fetttröpfchen erfüllte Zellen, Abb. 21, *2*) bei schwächerer Vergrößerung vorwiegend den Eindruck des Schwarzen hervorrufen.

2. Verunreinigungen

Hier sollen einige der häufigsten, auch bei peinlicher Sauberkeit nicht vermeidbaren Verunreinigungen durch nicht zu den Organen gehörige Dinge besprochen werden, zu denen ja auch die schon erwähnten Luftblasen gehören.

Von Fasern pflanzlicher Herkunft sind es vor allem Leinenfasern und noch häufiger Baumwollfasern, die nicht nur von den Putztüchern stammen können, sondern auch von Kleider- und Wäschestoffen abgestreift in das Luftplankton gelangen (Baumwollfasern stammen auch oft von Filtrierpapier). Beide Objekte stellen ausgetrocknete Pflanzenzellen dar, von welchen nur mehr die dicken Zellulosemembranen vorhanden sind. Ihre Größe und starke Lichtbrechung läßt sie kaum mit Objekten der menschlichen Histologie verwechseln. (Eine entfernte Ähnlichkeit mit markhaltigen Nervenfasern besitzen höchstens die Leinenfasern.) Die **Leinenfasern** (Abb. 3, *1*) sind drehrunde Gebilde mit einem ganz engen, strichförmigen Lumen (das bei *t* in tiefer Einstellung, also heller, im übrigen bei hoher Einstellung, also als dunkle Linie, gezeichnet ist). Stellenweise sieht man Poren als feine Kanälchen das Lumen mit der Oberfläche verbinden. **Baumwollfasern** (Abb. 3, *2*) sind abgeplattet und dabei spiralig gedreht; das Lumen ist sehr weit, wie man an den von der Fläche gesehenen Partien feststellen kann, erscheint aber in der Kantenansicht naturgemäß nur schmal.

Von den Kleiderstoffen abgestreift gelangen in die Präparate auch „Wollfasern". d. h. **Schafwollfasern,** also tierische Haare (Abb. 4, *1*). In der Mehrzahl der Fälle (wenigstens bei guten Stoffen) handelt es sich dabei um marklose Haare, an denen daher nur die bei Einstellung auf die Oberfläche hervortretenden Ränder der Epidermikula-Schüppchen und eine durch die Rindenzellen bedingte Längsstreifung zu sehen ist; letztere treten übrigens oft an ausgefransten Enden pinselartig hervor. (Man beachte, daß natürlich sowohl Wollhaare wie auch die Pflanzenfasern, da sie ja aus Stoffen stammen, gefärbt sein können!) In Abb. 4, *2* ist auch ein markhaltiges Haar vom Hasen (aus einem Filzhut) abgebildet, in welchem ein Teil der leeren, vertrockneten Markzellen Luftbläschen enthält.

Durch unvorsichtiges Anfassen des Objektträgers oder Deckglases von der Fläche (statt von der Kante), aber auch durch andere Zufälle können **Epidermisschuppen** ins Präparat gelangen. Diese (Abb. 5) stellen verhornte, oft in Gruppen zusammenhängende, polygonale Zellen dar, an welchen keine Kerne, sondern nur jene Leistchen zu sehen sind, welche aus ihrer durch Drucknischen modellierten Oberfläche vorragen. Auch diese Gebilde sind ziemlich stark lichtbrechend.

Schließlich sei auch noch auf **Kochsalzkristalle** verwiesen (Abb. 6), die außerhalb des Deckglasrandes oder bei Benetzung der Deckglasoberfläche aus der Kochsalzlösung auskristallisieren können. (Im letzteren Falle liegen sie in einer höheren Ebene als die isolierten Gewebselemente!) Man sieht neben deutlicheren Kombinationen größerer Hexaeder vor allem unvollständig ausgebildete Kristallaggregate, die oft an Fichtenzweige erinnern. Die relativ starken Auslöschungslinien erklären sich daraus, daß man hier ja in Luft und nicht in Flüssigkeit untersucht, wodurch die Differenz der Brechungsquotienten erhöht wird. (Dies gilt natürlich auch für andere Objekte, z. B. für Pflanzenfasern oder Wollhaare, die auf das Deckglas gefallen sind und deren Ränder dann ganz auffallend schwarz erscheinen.)

Rußteilchen erkennt man an ihrer vollständigen Undurchsichtigkeit (Schwärze) im durchfallenden und auch im auffallenden Licht (bei mit der Hand abgedecktem Mikroskopspiegel). Schließlich sei noch daran erinnert, daß auch **Kratzer, Unebenheiten** und **Schlieren** des Objektträgers oder Deckglases im mikroskopischen Bilde erscheinen müssen.

3. Geformte Elemente des Blutes; Mastzellen; Plasmazellen

Ich habe davon abgesehen, das eigens angefertigte frische Blutpräparat (Nativpräparat) gesondert zu besprechen. Ein solches bietet gegenüber den aus Organen isolierten Blutelementen insoferne etwas Abweichendes, als dort die roten Blutkörperchen fast ausschließlich in der unveränderten Scheibenform zu sehen sind, und zwar in ausgedehntem Maße in der Geldrollenanordnung, und daß die Leukozyten bei nicht zu tiefer Zimmertemperatur amöboide Bewegung (Pseudopodienbildung) zeigen, was übrigens auch an dem Zupfer einer frischen Plazenta fast immer zu sehen ist; vor allem aber kann man nur am Nativpräparat, und zwar auch nur in den ersten fünf bis zehn Minuten, die Blutplättchen (Abb. 7, *Blpl.*) beobachten: unregelmäßige, oft zackige Gebilde, durchschnittlich nur halb so groß als rote Blutkörperchen, nicht stark lichtbrechend und immer am Boden (auf dem Objektträger) klebend, so daß bei Strömungen im Präparat die Blutzellen über sie hinweggeschoben werden. In Zupfpräparaten von Leichenteilen können niemals Blutplättchen vorkommen.

Die **roten Blutkörperchen** (Abb. 7, *r. Bl.*) erkennt man vor allem an ihrer grünlichgelben Farbe, im Gegensatz zu den farblosen, d. h. in zart bläulichen Tönen erscheinenden Leukozyten (vgl. die farbige Abb. 14 vom Meerschweinchenknochenmark). Die Normalform ist die eines bikonkaven Scheibchens. Ihre Profilansicht (*1*) ist biskuitförmig, durch „Sympexis“ entsteht die bekannte Geldrollenanordnung. Die Flächenansicht der Scheibchenform (*2*) zeigt bei hoher Einstellung (links) einen hellen Rand und eine dunkle Mitte, bei tiefer (rechts) umgekehrtes Verhalten. Dies erklärt sich optisch dadurch, daß der wulstige Rand des Scheibchens eine kreisförmige, oberhalb desselben gelegene „Brennlinie“ erzeugen muß, während die Mitte als Konkavlinse wirkt und ein bei tiefer Einstellung sichtbares Helligkeitsmaximum hervorruft. Kugelförmige Erythrozyten (*3*) müssen sich optisch ähnlich verhalten wie ein Fettkügelchen, d. h. bei hoher Einstellung einen Brennpunkt in der Mitte ergeben, also umgekehrt wie die scheibenförmigen bei hoher Einstellung eine helle Mitte zeigen (links). Sie sind außerdem bei einiger Übung schon an ihrem kleineren Durchmesser und an der dunkler grünen Farbe (weil wir ja eine dickere Hämoglobinschichte vor uns haben) leicht zu erkennen. Zackenbildungen (*4*) — auch „Stechapfel“- oder „Morgensternformen“ oder „sternförmig geschrumpfte“ Blutkörperchen genannt — können sich sowohl an scheibenförmigen (links), wie an kugelförmigen Blutkörperchen (rechts) in erster Linie durch Austrocknung bilden und sind daher in Zupfpräparaten von Leichenteilen oft geradezu vorwiegend vertreten. Die durch einseitige Eindellung entstehende Napfform (Glockenform) (5) ist in der Profilansicht (rechts) ohne weiteres zu erkennen; von der Fläche (links) bietet ein solches Blutkörperchen das gleiche optische Verhalten wie ein scheibenförmiges, doch erscheint bei hoher Einstellung das Aufleuchten des Randes und die Verdunkelung der Mitte noch viel intensiver.

Da rote Blutkörperchen in jedem Praparat anzutreffen sind, gewöhne man sich daran, sie als Größenmaßstab (7.5 μ) für andere Gebilde, insbesondere aber für die **Leukozyten,** zu verwenden. Wir konnen folgende Arten weißer Blutkörperchen (Abb. 7, *w. Bl.*) unterscheiden:

1. Die „kleinen vollkernigen" Leukozyten oder Lymphozyten (*1*), die im Blute zirka 20% der weißen Blutkorperchen ausmachen, erreichen nicht ganz die Größe eines scheibenförmigen Erythrozyten und bestehen beinahe nur aus dem Kern, der aber besonders an der überlebenden Zelle (links) meist nur undeutlich hervortritt, bei deutlicher Sichtbarkeit (rechts) aber eine charakteristische Struktur (randstandige Chromatinbröckel, sogenannte „Radspeichenstruktur") zeigt; außerhalb der Kernmembran sieht man dann einen meist etwas unregelmäßigen Saum von viel schwächer lichtbrechendem, homogenem Zytoplasma. (Da es in vielen Praparaten isolierte, kugelige Zellkerne gibt, die ungefahr Lymphozytengröße besitzen [z. B. Abb. 28, *K*; Abb. 30, *K*], achte man darauf, daß diese Kerne sich immer mit einer stark lichtbrechenden Schicht, eben der „doppelt konturierten" Kernmembran, begrenzen, auf die ja beim Lymphozyten noch der Plasmasaum folgt, wahrend ein mehr undurchsichtiger Lymphozyt überhaupt keine ausgesprochene Kernmembran erkennen läßt.)

2. Die „großen rundkernigen Leukozyten" (*2*) haben die Größe der später besprochenen, granulierten Leukozytenformen, sind also größer als Erythrozyten (über 10 μ) und zeigen einen großen kugeligen Kern, ähnlich dem der Lymphozyten (links); sie besitzen ein ungranuliertes Zytoplasma, ebenso wie die als „Übergangsformen" bezeichneten Leukozyten mit einem eingebuchteten Kern (rechts).

3. Die feingranulierten Leukozyten (neutrophile oder *ε-L.-Z.*), im Blute die häufigste Leukozytenart (zirka 70% der weißen Blutkörperchen). besitzen einen polymorphen Kern und

feine Granula im Protoplasma. Der Kern ist an der überlebenden Zelle meist kaum sichtbar (*3*, links), viel deutlicher oft am Leichenmaterial (*3*, Mitte), und erscheint dann in Form mehrerer, oft erst beim Wechsel der Einstellung hervortretender Stücke, deren Zusammenhang sich nicht immer verfolgen läßt. Die Granula sind im ersten Falle nicht distinkt sichtbar, treten aber, wahrscheinlich bei einem gewissen Quellungszustande des Protoplasmas (vgl. den Anhang „Speichel"), auch am Leichenmaterial schon bei zirka 400facher Vergrößerung oft sehr deutlich hervor und zeigen dann auch meist Brownsche Molekularbewegung. Diese Leukozytenart zeigt im Nativpräparat des Blutes, aber auch an Zupfern einer frischen Plazenta, schon bei gewöhnlicher Zimmertemperatur oft Pseudopodienbildung (*3*, rechts).

4. Die grob-oxyphil gekörnten Leukozyten (eosinophilen oder *α-L. Z.*) zeigen ebenfalls einen polymorphen Kern, aber Granula, die viel gröber und stärker lichtbrechend sind als die der neutrophilen und bei hoher Einstellung grünlich aufleuchten (*4*, links; vgl. auch die farbige Abb. 14 vom Knochenmark). Auch ist gelegentlich amöboide Bewegung zu beobachten (*4*, rechts).

5. Die grob-basophil gekörnten Leukozyten (*γ-L. Z.*) sind im Blut außerordentlich sparlich vertreten und im ungefarbten Präparat wohl kaum von den *α*-Leukozyten zu unterscheiden. Dagegen kann man sie im Gewebe als **Mastzellen** auch am ungefärbten Präparat erkennen (Abb. 7, *M. Z.*). Sie zeigen einen mehr leer aussehenden, kugeligen (nicht polymorphen!) Kern und grobe Granula, die nicht so stark lichtbrechend sind wie die *α*-Granula; die Zelle hat meist eine ovoide, manchmal aber auch durch gegenseitige Abplattung eckige, gelegentlich sogar langgestreckte Form. Man kann sie im Bindegewebe verschiedener Organe antreffen, findet sie aber vielleicht am leichtesten im Nerven, im Nabelstrang, in der Submukosa oder im Mesenterium eines Darmstückes.

Die **Plasmazellen** (Abb. 7, *Pl. Z.*) sind Fortentwicklungsstadien der Lymphozyten, besitzen noch deren charakteristischen Kern (Radspeichenstruktur), der aber exzentrisch in einem gegenüber dem Lymphozyten oft beträchtlich vergrößerten homogenen Plasmaleib gelegen ist; sie zeigen niemals kugelige, sondern ovoide, oft auch durch gegenseitige Abplattung eckige Form. Sie können an den verschiedensten, mit Lymphozyten durchsetzten Stellen des Bindegewebes vorkommen. Von den hier besprochenen Organen sind es vor allem die Milz und die Propria der Magen-Darm-Schleimhaut, in denen fast immer Plasmazellen zu finden sind.

Das Erkennen der Blutzellen und ihrer Derivate ist außerordentlich wichtig, wenn man sich in irgendeinem Präparate zurechtfinden will. Man beachte die grüne Farbe der Erythrozyten, bei den Leukozyten wieder zunächst die geringe Größe der Lymphozyten (Verwechslung mit isolierten Kernen gleicher Größe); die (abgesehen von lymphoiden Organen) am häufigsten anzutreffenden neutrophilen Leukozyten sind im Gegensatz zu den meisten anderen isolierten Zellen kugelig — bis auf die seltenen Fälle amöboider Bewegung —, ebenso ist auch das Fehlen eines leicht sichtbaren, größeren, kugeligen oder ovalen Kernes charakteristisch. Die Plasmazellen sind, wie schon gesagt, nicht kugelig und sind schon deshalb nicht mit Leukozytenformen zu verwechseln; das Auffinden der Mastzellen im Zupfpräparat setzt bereits größere Übung und Erfahrung voraus.

Anhang: Speichel

Den Anblick großer Mengen feingranulierter Leukozyten kann man sich in leichter Weise verschaffen, wenn man einen Tropfen Speichel (Abb. 10) mikroskopisch untersucht. (Man bringe einen großen Speicheltropfen mit dem Finger auf den Objektträger; ja nicht zu wenig, damit die Leukozyten nicht gequetscht werden!) Man sieht massenhaft Luftblasen und vor allem große, polygonale Zellen (*E. Z.*) mit deutlichem Kern, oft in Gruppen zusammenhängend: die ständig abschilfernden Oberflächenzellen des geschichteten Plattenepithels der Mundhöhle. Nach einer vor nicht zu langer Zeit eingenommenen Mahlzeit kann man auch Stärkekörner (*St. K.*) antreffen. Die Leukozyten (L_z) zeigen infolge eines gewissen Quellungszustandes ungemein deutlich die Brownsche Molekularbewegung ihrer Granula; der Kern tritt meist nur undeutlich als eine körnchenfreie Stelle hervor.

4. Bindegewebsfasern, Fettgewebe

Vorbemerkung: Eine Besprechung der einzelnen Arten des „Bindegewebes im engeren Sinne“ sowie der „Stutzgewebe“ liegt nicht im Plane dieses Buches, da ja die hier einzig verwendete Technik des Zerzupfens hiefur nicht ausreicht. In diesem Abschnitte sollen nur die extrazellularen Bausteine des Bindegewebes, die Fasern, und außerdem das ebenfalls in den meisten Zupfern vorkommende Fettgewebe besprochen werden. In der Mehrzahl der hier beschriebenen Organe handelt es sich um jene Bindegewebsform, die man als „lockeres“ oder „interstitielles“, auch als „lamellares“ Bindegewebe bezeichnet; doch werden uns auch das „retikulare“ Bindegewebe (z. B. in der Milz) und andere Formen begegnen.

Die **kollagenen Fibrillen** (Abb. 8) treten bei der hier geübten Methode immer als feinere oder gröbere Bündel auf. Um die in ihrem Durchmesser an der Grenze der Sichtbarkeit liegenden Einzelfibrillen zu isolieren, muß man Bindegewebe, am besten eine dünne Sehne (z. B. vom Rattenschwanz), auf dem trockenen Objektträger unter Anhauchen zu einem dünnen Häutchen ausbreiten und erst nachher mit dem hängenden Kochsalztropfen bedecken. Charakteristisch ist die schwächere Lichtbrechung (im Vergleich zu den elastischen Fasern) und eben die fibrilläre Zusammensetzung der Stränge, wodurch diese — meist wellig zusammengeschoben — den Eindruck von Haarlocken hervorrufen. Bei schwächerer Vergrößerung haben solche Bündel eine bräunliche Farbe, was rein optisch zu erklären ist, nämlich dadurch, daß die fibrilläre Struktur von einem Objektiv mit zirka 100facher Vergrößerung noch nicht aufgelöst wird. Die in Abb. 19 bei dieser Vergrößerung gezeichnete Streifung der kollagenen Bündel des Epineuriums entspricht eben noch nicht den Einzelfibrillen.

Die **elastischen Fasern** (Abb. 8, *e. F.*) sind desto leichter zu erkennen, je dicker sie sind. (Die Feststellung feinster elastischer Fäserchen ist ja auch nicht Aufgabe des ungefärbten Isolationspräparates.) Sie sind im Gegensatz zu den kollagenen Fibrillenbündeln nicht fibrillär zusammengesetzt, also in sich homogen, infolge ihrer stärkeren Lichtbrechung intensiv aufleuchtend, ergeben also durch die hiebei hervortretenden kräftigen Auslöschungslinien das typische Bild einer „doppeltkonturierten“ Faser; sie lassen — im Gegensatz zu kollagenen Fibrillen — häufig Verzweigungen erkennen und sind — offenbar infolge der durch das Isolieren bewirkten Zerreißung und Entspannung — vielfach rankenförmig gewunden.

Eine andere Form, in der die elastische Substanz häufig auftritt, die elastischen Platten (Abb. 11, *5*, Abb. 12, Abb. 22, *el. Pl.*), werden im nächsten Abschnitt, bei den Gefäßen, und auch noch bei der Aorta besprochen werden. Man erkennt sie vor allem an ihren Bruchrändern, durch die oft ein glassplitterartiges Aussehen entsteht.

Die dritte Faserart des Bindegewebes, die sogenannten **„Gitterfasern“** (argyrophilen oder Silberfasern), ist so verbreitet, daß man kein Organ oder Gewebe untersuchen kann, ohne auf sie zu stoßen. Finden sie sich doch überall als „Grenzbindegewebe“ dort, wo Bindegewebe an Epithelien und andere Gewebselemente angrenzt, so z. B. im Grundhautchen der Kapillaren, in den bindegewebigen Basalmembranen der Epithelien, in den Membranellen um die glatten, wie auch in der Umgebung der quergestreiften Muskelfasern. In allen diesen Fällen sind sie an membranartige Kittsubstanzschichten gebunden; diese gerade im Isolationspräparat gut darstellbaren Häutchen lassen aber im ungefärbten Zustande die ihnen eingelagerten feinsten Faserstrukturen meist nur in Spuren, nie aber in ihrem ganzen Reichtum erkennen, so daß man sagen kann: Das frische Zupfpräparat zeigt diese so verbreitete Faserart nur für das sehr geübte Auge und auch für dieses nur in sehr unvollkommener Weise. Isolierte Basalmembranen sind in Abb. 30, *B. M. is.* oder Abb. 41, *7*, ein Stück Grundhäutchen einer kapillaren Lebervene mit den Gitterfasern in Abb. 33, *G. H.*, abgebildet; auch die Fasern in der Grundsubstanz zwischen den Langhansschen Zellen der Aortenintima (Abb. 22, *L. Z.*, *3*) sind zum Teil Silberfasern.

Fettgewebe kommt in vielen Zupfern vor (so z. B. im Muskel, Nerv, Thymus, Schilddrüse, Speicheldrüsen, Darm, Niere). Bei Untersuchung aller dieser Organe muß man es vermeiden, größere, schon makroskopisch erkennbare Fettpartien mit herauszuschneiden. (Man erkennt solche an dem läppchenartigen Bau und an der gelben Farbe; beim Zerzupfen bedeckt sich sofort der Kochsalztropfen mit kleinen Fettaugen.) Das Bild einer größeren Fettzellgruppe zeigt die schon bei schwacher Vergrößerung (Abb. 9) deutlich hervortretenden (um 100 μ messenden) Zellen; jene Zellen, auf die bei der gewählten Einstellungsebene hoch eingestellt ist, leuchten intensiv auf und sind von dicken Auslöschungslinien umgeben, während die darüber gelegene Zellage, auf die bei dieser Stellung der Mikrometerschraube relativ tief eingestellt ist, nicht so hell erscheinen (wie man an den isoliert liegenden Zellen rechts unten ersieht) und nur von dünnen, scharfen Linien (Fettzellmembran) umrahmt sind. Die aus zerrissenen Zellen stammenden Fetttropfen sind an ihrer geringeren Größe und der reinen Kugelform als solche kenntlich. Die Isolierung ganzer Fettzellen gelingt selten, weil die Membranen durch den flüssigen Inhalt fast immer zersprengt werden. Die Kerne sind, auch wenn sie an der dem Beobachter zugekehrten Oberfläche liegen, durch die stark lichtbrechenden Fettmassen nicht zu sehen; das gleiche gilt von den reichlichen Kapillaren des Fettgewebes, die höchstens bei Blutfüllung stellenweise hervortreten können.

5. Kleine Gefäße; Endothelzellen; glatte Muskelfasern

Kapillaren sind schon an ihren Dimensionen zu erkennen, insoferne ihr Durchmesser für gewöhnlich den eines roten Blutkörperchens nicht wesentlich überschreitet; manchmal sind sie beträchtlich enger, so daß die Blutkörperchen zu schmalen Zylindern ausgezogen erscheinen (vgl. Abb. 17, *5*). Bei natürlicher Blutfüllung treten sie als gelblichgrüne, bei starker Ausdehnung und Füllung als gelblichrötliche Stränge deutlich (wie an einem Injektionspräparat) hervor (vgl. die bei schwacher Vergrößerung gezeichneten Abb. 23 (*1*), Abb. 36 (*2*) u. a.). Oft sind die einzelnen Blutkörperchen in dicht gefüllten Gefäßen nicht voneinander zu unterscheiden.

An einer leeren Kapillare (Abb. 11, *1*) kann man gut die ovalen Endothelkerne erkennen; die Wand der Kapillare erscheint, wohl deshalb, weil zu dem Endothelrohr noch das Grundhäutchen hinzukommt (eine extrazelluläre Grundsubstanzschicht mit eingelagerten Gitterfasern), ziemlich stark lichtbrechend, begrenzt sich also beiderseits mit einem „Doppelkontur“.

Man kann nun bei aufmerksamer Beobachtung (also nicht gerade leicht und immer!) auch noch Kerne finden, die deutlich dem Rohr außen ansitzen, überdies auch mehr länglich schmal und von anderer Chromatinstruktur sind als die Endothelkerne: Es handelt sich um die Kerne der Rougetschen Zellen oder „Perizyten“, die ich für kontraktil, somit für die eigentümlich modifizierten Muskelfasern dieser kleinsten Gefäße halte (Abb. 11, *1*, *P*.). Die genauere Form dieser Zellen, deren langgestreckte Hauptfortsätze mit zirkulär verlaufenden, oft noch weiter verzweigten Querfortsätzen besetzt sind, ist im frischen Isolationspräparat nicht zu sehen; man erkennt aber immerhin an Abb. 11, *1*, *P*. den Anfang der Hauptfortsätze.

Kleine Arterien (Abb. 11, *2*) zeigen bei Einstellung auf den „optischen Längsschnitt“ die mit aufleuchtenden Rändern und einigen Falten hervortretende Elastica interna, durch die die Endothelkerne nur undeutlich durchschimmern, und die zirkulären Muskelfasern der Media, die bei ganz kleinen Arterien nur in einfacher, aber immer ganz kontinuierlicher (!) Schichte vorhanden sind. Stellt man auf die Oberfläche des Rohres ein (Abb. 11, *2*, unten), so erscheinen die Muskelfasern in der Längsansicht, ergeben also eine Art Querstreifung, während sie im optischen Längsschnitt des Arterienrohres natürlich im optischen Querschnitt zu sehen sind. Nach außen folgt eine faserige Adventitia. Ein so klares Bild, wie in Abb. 11, *2* erhält man nur bei recht kleinen und überdies gut isolierten Arterien; größere lassen sich meist nur mehr mit schwächerer Vergrößerung untersuchen und zeigen das Lumen mit den (durch ihre starke Lichtbrechung schwärzlich hervortretenden) Längsfalten der Elastica interna sowie eine (hauptsächlich durch die Muskelfasern der Media) relativ dick erscheinende Wand (vgl. Abb. 25). Von

Arterien, die so groß sind, daß man sie bei der notwendigen weitgehenden Zerkleinerung des Zupfpräparates bereits zerrissen hat, kann man oft Fetzen der Elastica interna finden, die bei schwacher Vergrößerung (Abb. 12) durch schwärzlich erscheinende Längsfalten in die Augen springen. Freiliegende Teile solcher elastischer Membranen (Abb. 12, rechts) zeigen dann fensterartig angeordnete, verdünnte Stellen, also das Bild einer Membrana fenestrata, lassen aber auch eingelagerte Netzfaserstrukturen erkennen (Abb. 11, *5*).

Kleine Venen (Abb. 11, *3*) zeigen im Gegensatz zu Arterien gleichen Kalibers nichts von einer Elastica interna und nur eine ganz dünne Wand. Das Hervorstechendste sind die Endothelkerne; außer diesen sieht man noch einzelne, mehr schräg oder quer verlaufende Kerne (Abb. 11, *3, M*) mit dichterer Chromatinstruktur, die den spärlichen (eben nicht in kontinuierlicher Reihe angeordneten!) Muskelfasern angehören.

Isolierte **Endothelzellen** (Abb. 11, *4*) kann man in jedem Zupfer finden. Sie sind in der Profilansicht (*4*, links) meist bogenförmig gekrümmt (so daß die Außenfläche konvex erscheint); an diesem strichförmig erscheinenden Gebilde sitzt in der Mitte der Kern als deutliche Anschwellung. In dieser Stellung sind sie von der Profilansicht abgeplatteter, aber breiterer Bindegewebszellen (vgl. Abb. 45, *B. Z.*) nicht immer sicher zu unterscheiden, wenn auch letztere meist noch stärker lichtbrechend sind (da man ja eine dickere Substanzschichte in der Verkürzung vor sich hat). In der Flächenansicht jedoch (*4*, rechts) kann man die schmalen Endothelzellen mit derartigen platten Bindegewebszellen (vgl. auch Abb. 35, *B. Z.* u. a.) nicht verwechseln.

Eine gewisse Ähnlichkeit mit Endothelzellen zeigen auch die **glatten Muskelfasern** (Abb. 11, *6*), die als Bestandteil der Gefäßwände in jedem Zupfer vorkommen können, in manchen Organen (z. B. Magen-Darm-Trakt) aber auch von anderen Stellen stammen können. Das Hauptkennzeichen dieser schmalen, spitz zulaufenden Gebilde ist der stäbchenförmige Kern mit einer dichten Chromatinstruktur. Dieser ist oft schwer zu sehen, wenn die bandförmige Faser dem Beobachter die Schmalseite zukehrt (Abb. 11, *6*, rechts) oder durch Kontraktion stark lichtbrechend geworden ist. Der Kern kann auch wie eine Ziehharmonika zusammengeschoben sein (Abb. 16, *M. F.*). Auf alle Fälle ist er nicht so in die Augen springend wie ein Endothelzellkern. Die im Anschluß an den Kern eine Strecke weit entwickelte sarkoplasmatische Achse ist gelegentlich

(Abb. 22, *M. F.*) durch Einlagerung stark lichtbrechender (auch gefärbter) Körnchen zu verfolgen. (Man beachte, daß auch in den Herzmuskelfasern, Abb. 18, *1* und *2*, besonders reichlich derartige Körnchen vorkommen, aber auch an den Kernpolen der Skelettmuskelfasern, Abb. 17, *2*.) In besonders günstigen Fällen — Abb. 16 — läßt sich auch die fibrilläre Struktur einigermaßen beobachten. Die Größe der glatten Muskelfasern kann sehr verschieden sein (Abb. 16, 22, 35); Verzweigung ist am häufigsten in der Aorta (Abb. 22) oder im Endokard zu beobachten; doch kommt sie auch z. B. in der Propria der Magen-Darm-Schleimhaut (Abb. 35, *M. F.*) vor; diese Abbildung zeigt auch die (manchmal in reichem Maße auftretenden) Verdichtungsknoten.

6. Eingeweidenerven

In den Zupfpräparaten vieler Organe (am leichtesten in den Speicheldrüsen) kann man mikroskopisch kleine Bündel vorwiegend markloser Nervenfasern (Abb. 13) antreffen. (Die markhaltigen und auch die einzeln isolierten marklosen Nervenfasern werden im dritten Kapitel am Zupfpräparat größerer Stämme besprochen werden.) Derartige Bündel haben eine gewisse Ähnlichkeit mit einem Bündel kollagener Fibrillen, unterscheiden sich aber von einem solchen durch die scharfe Abgrenzung, die durch das Perineurium bewirkt wird, dessen Bindegewebskerne (*B. K.*) von den zahlreichen schmäleren Neurilemmkernen gut zu unterscheiden sind. Gerade die letzteren liefern ein sicheres Erkennungsmittel, da ja in einem Fibrillenbündel meist überhaupt keine Kerne zu sehen sind. Fast immer findet man auch vereinzelte markhaltige („doppeltkonturierte") Nervenfasern (*mh. Nf.*), welche einem dann ohne weiteres die wahre Natur des Bündels erkennen lassen.

III. Eine Auswahl von Geweben und Organen

Vorbemerkung: Ich zähle nicht bei jedem der behandelten Organe alle überhaupt vorkommenden Elemente auf, sondern in erster Linie das Spezifische, nur in diesem Organ zu Findende; von den im zweiten Kapitel besprochenen, allgemein verbreiteten Gewebselementen wird nur das jeweils besonders häufig Anzutreffende oder auch gerade besonders günstig zu Beobachtende erwähnt.

Was die Reihenfolge betrifft, in welcher ein Anfänger die hier beschriebenen Organe untersuchen soll, so empfiehlt es sich, mit einfacheren Präparaten zu beginnen, an welchen man sich vor allem mit den im zweiten Kapitel beschriebenen allgemeinen Dingen vertraut machen soll. Als Anfangspräparate kommen in Betracht: Leber, Plazenta, Muskel, Nerv; dann Thymus und Milz. Erst nachher nehme man die komplizierteren Organe vor, wie Darm, Speicheldrüsen, Lunge; ganz zuletzt Hoden und Niere.

1. Knochenmark (Meerschweinchen)

Vorbemerkung: Ich beschreibe an dieser Stelle ausnahmsweise ein nicht vom Menschen stammendes Objekt, an seiner Stelle vielmehr das leichter zu beschaffende rote Knochenmark des Meerschweinchens. Dabei beschranke ich mich auf die wichtigsten Einzelheiten, soweit sie sich eben am ungefarbten Praparat einigermaßen leicht unterscheiden lassen.

Präparation: Von den herauspräparierten Rippen des Meerschweinchens wird das Periost samt anhaftenden Muskeln rein abgeschabt, der knorpelige Teil der Rippe weggebrochen und das Ende mit einer kraftigen (anatomischen) Pinzette zusammengequetscht; das herausquellende Knochenmark streift man direkt in einen großen (!) Kochsalztropfen (ja nicht durch zu wenig Flüssigkeit quetschen!), in dem es sich als milchige Trübung bemerkbar macht. Nötigenfalls noch mit den Nadeln etwas verteilen.

Wir besprechen sofort das **Bild bei starker Vergrößerung** (Abb. 14), das hier (als einziges in diesem Buche) in seinen natürlichen Farben wiedergegeben ist, weil speziell das Erkennen der Erythroblasten fast nur durch ihren grünlichen Farbton möglich ist.

1. Erythrozyten (*1*) sind durch ihre ausgesprochen grüne Farbe leicht kenntlich.

2. Erythroblasten, die kernhaltigen Bildungsstadien der ersteren, erscheinen in ganz schwach grünlicher Farbe, worauf das Auge erst durch Vergleich mit den anderen farblosen Zellen aufmerksam werden muß. Am hämoglobinreichsten und daher am deutlichsten sind die schon vorgeschrittenen, vor dem Verlust des Kernes stehenden „Normoblasten“ (*2*, oben), schwerer kenntlich die etwas großeren, noch teilungsfähigen „Megaloblasten“ (*2*, unten), von denen hier einer im (nicht selten zu beobachtenden) Teilungsstadium abgebildet ist. Die exzentrische Lage des kugeligen Kernes ist nur bei geeigneter Stellung der Zelle sichtbar und begünstigt das Erkennen; bei den Normoblasten ist der Kern als Ganzes stärker lichtbrechend („pyknotisch“).

3. Kleine und große rundkernige Leukozyten (*3*) können vor allem zur Verwechslung mit Erythroblasten Anlaß geben (wenn man nicht die Farbe berücksichtigt).

4. Markzellen (*4*) sind granulierte Zellen, die größer sind als Leukozyten (siehe *5*), und besitzen runde, nicht polymorphe Kerne Unter diesem hier gewählten Sammelnamen fallen mehrere Zellarten, die nach Größe des Kernes, Menge, Feinheit und Färbbarkeit der Granula verschieden sind.

5. Grob- und fein granulierte Leukozyten (*5*) sind kleiner als die „Markzellen“ und besitzen polymorphe Kerne.

6. Retikulumzellen (*7*) sind verzweigte Bindegewebszellen, welche die Grundlage des Knochenmarks bilden, auf die ja genetisch die verschiedenen freien Rundzellen zurückgehen; sie isolieren sich meist nur als unvollständige Protoplasmakomplexe um einen mehr bläschenförmigen (chromatinarmen), ovalen Kern. (Von den auch von diesen Retikulumzellen produzierten Fasern ist an derartigen Präparaten nichts zu sehen.)

7. Ostoklasten oder Polykaryozyten (*6*) gelangen, da sie ja an den Knochenwänden haften, nur gelegentlich, bei starkem Ausquetschen der Rippe, ins Präparat; man sieht ein ziemlich grobkörniges Protoplasma und viele ovale, bläschenförmige Kerne. (Man hält diese vielkernigen, die Zerstörung von verkalktem Knorpel oder Knochen bewirkenden Protoplasmaklumpen für Derivate von Gefäßsprossen.)

8. Megakaryozyten (*8*) können nur um weniges größer sein als „Markzellen“ (links), aber auch ausgesprochene Riesenzellen (rechts). Wesentlich ist der äußerst polymorphe, aus vielen Lappen bestehende Kern; der Zusammenhang seiner Teile läßt sich oft erst durch Gebrauch der Mikrometerschraube feststellen. Das Protoplasma kann gangartige Hohlräume (schwächer lichtbrechend, bei tiefer Einstellung heller) aufweisen (8, *K*), welche dem besonders stark entwickelten „inneren Netzapparat“ oder „Binnengerüst“ dieser Zellen angehören.

2. Reifer Nabelstrang

Makroskopisches, Präparation: Dieses Organ ist mit nichts anderem zu verwechseln. Weißer, fingerdicker Strang mit spiraliger Drehung. Glatte (weil mit Amnionepithel überzogene) Oberfläche, blau durchschimmernd blutgefüllte Stellen der Gefäße, die am Querschnitt, in die „Whartonsche Sulze“ eingebettet, zu sehen sind: drei Gefäße, das klaffende die Vene, die beiden kontrahierten die Arterien. Man schneide ein Stückchen Gallerte von der Oberfläche mit dem anhaftenden Amnionepithel heraus, außerdem auch etwas von einer Gefäßwand. Ein Auswaschen dieses bis auf die drei Hauptstämme gefäßlosen Gewebes wäre an sich nicht notwendig, muß aber sogar sehr sorgfältig geschehen, wenn die Oberfläche oder Schnittfläche durch Blut verunreinigt ist. Das Zerzupfen ist mühsam und muß sehr gründlich vorgenommen werden.

Schwache Vergrößerung (Abb. 15): Man kann, wenn man in der angegebenen Weise Gallerte und Gefäßwand herausgeschnitten hat, die mit kollagenen Fibrillenmassen durchsetzten Gewebspartien der Gallerte (*1*) bereits ganz gut von anderen unterscheiden, in welchen stärker lichtbrechende Spindeln hervortreten (*2*), eben die glatten Muskelfasern der Gefäßwand. Außerdem sieht man im Zusammenhang mit Stückchen der Gallerte oder auch isoliert Fetzen des geschichteten Plattenepithels des Amnions, die vor allem durch ihre stark lichtbrechenden (aufleuchtenden) umgebogenen Ränder hervortreten.

Starke Vergrößerung (Abb. 16): 1. Die Bindegewebszellen im „reifen Gallertgewebe" der Sulze, auch als Inozyten (Inoblasten, Fibrozyten, Fibroblasten) bezeichnet (*I. Z.*), sind in situ, d. h. inmitten der von Fibrillen durchsetzten Grundsubstanz, nur selten und nur bei sehr aufmerksamer Beobachtung sichtbar; am ehesten wird man auf sie aufmerksam, wenn sie Fetttröpfchen eingelagert enthalten. Anderseits gelingt auch ihre Isolierung meist nur unvollkommen, in Form mehr minder großer Protoplasmareste, die den charakteristischen ovalen, bläschenförmigen Kern umgeben. (Übrigens kommen auch an dieser Stelle des Bindegewebes zwei- bis vielkernige Protoplasmakomplexe vor.) Sie können entsprechend ihrer amöboiden Beweglichkeit die mannigfaltigsten Formen und Fortsätze und auch von Vakuolen durchsetzte Zytoplasmapartien zeigen.

2. Die kollagenen Fibrillenmassen der Gallerte zeigen infolge der reichlicher vorhandenen, nicht fibrillär differenzierten Grundsubstanz („Kittsubstanz") ein etwas anderes, mehr lockeres und welliges Aussehen als die Fibrillenbündel, die man für gewöhnlich aus anderen Bindegewebsarten zu sehen bekommt.

3. Die Amnionepithelzellen (*A. E.*) sind leicht kenntlich als polygonale Platten mit deutlichem ovalen Kern, feinkörnigem Protoplasma, das gelegentlich Fetttröpfchen enthält; verschiedene Größe, die größten von der Oberfläche des geschichteten Epithels; meist noch in Gruppen beisammen, deren aufgestellte, in der Verkürzung gesehene Ränder stark lichtbrechend hervortreten.

4. Glatte Muskelfasern (*M. F.*) kommen beim Menschen nur in den Gefäßwänden vor und bieten meist ein anderes Aussehen als die aus Leichenmaterial isolierten, weil sie in diesem noch überlebenden Gewebe sich durch das Zerzupfen stark kontrahieren; sie werden dabei stark lichtbrechend, wetzsteinförmig. Kern infolgedessen oft kaum zu sehen, meist ziehharmonikaförmig zusammengeschoben[1]).

3. Skelettmuskel

Makroskopisches, Präparation: Skelettmuskel ist an der intensiv „fleischroten" (selten blasseren) Farbe und dem faserigen Bau zu kennen, der auf der makroskopisch sichtbaren Bündelanordnung der Muskelfasern beruht; in stärkeren Bindegewebspartien oft Fett (gelbe Farbe!); außerdem kann man an natürlichen Oberflächen Faszien, an natürlichen Enden Sehnen oder Aponeurosen (weiß, seidenartig glänzend) vorfinden. Ein zirka 5 mm langes, 2 mm breites Stückchen wird entsprechend der Faserung herausgeschnitten und planmäßig immer weiter senkrecht zur Längsrichtung mit den Nadeln gespalten. Auswaschen überflüssig.

Schwache Vergrößerung: Man sieht ohne weiteres die einzelnen, zum Teil isolierten Muskelfasern, deren Durchmesser ja bis zu 100 μ betragen kann. Die gelblichgrünliche Farbe der Fasern beruht auf dem Muskelhämoglobin. Natürliche Enden sind bei einem nicht dem Sehnenansatz entnommenen Muskelstückchen selten; sie unterscheiden sich von den meist vorhandenen Rißenden durch eine kegelige, in eine stumpfe Spitze auslaufende Form. Auch die Querstreifung, isolierte Stellen des Sarkolemms, blutgefüllte Kapillaren kann man schon bei schwacher Vergrößerung beobachten, sie sollen aber erst im folgenden besprochen werden.

Starke Vergrößerung (Abb. 17): 1. Die ganz überwiegend an der Oberfläche der Faser gelagerten Kerne sieht man am leichtesten bei Einstellung auf den Rand einer Faser (*3*, links unten), aber auch gelegentlich, wenn man auf ihre Oberfläche einstellt (*2*), wobei sich zeigt, daß diese Kerne, die häufig auch

[1]) Man isoliert aus der Umgebung der Gefäßwände in viel größerem Ausmaß, als man Inozyten aus der übrigen Gallerte erhält, faserig langgestreckte Zellen mit seitlich vorragendem, ovalem Kern (*M. B.*); man kann sie wegen dieser Kerne nicht als typische glatte Muskelfasern, anderseits auch nicht als gewöhnliche Inozyten bezeichnen. Florian (1923) faßt sie als Myoblasten, somit als nicht fertig entwickelte glatte Muskelfasern, auf.

isoliert zu sehen sind (*K*) und dabei meist stäbchenförmig erscheinen, die Form ovaler Scheiben besitzen. Die Einlagerung stark lichtbrechender, oft auch gelb gefärbter Körnchen in das Sarkoplasma an den Polen der Kerne (*2*) wurde schon bei den glatten Muskelfasern erwähnt.

2. Das Sarkolemm wird infolge des stark lichtbrechenden Faserinhaltes nur an solchen Stellen sichtbar, wo es sich durch Einknickung des Faserinhaltes eine Strecke weit abgehoben hat (*1*, *S*); der jeweils eingestellte optische Schnitt durch diese Membran erscheint als aufleuchtende Linie. In ausgedehnterem Maße kann dieser Schlauch bei Zerreißungen des Faserinhaltes sichtbar werden, die speziell an der abgebildeten Stelle (*4*) wohl auf heftigen Kontraktionen beim Zerzupfen beruhen, durch die die Faser in hochgradig kontrahierte, stark lichtbrechende, klumpenförmige Partien auseinandergerissen ist. In dem leeren, durchsichtigen Schlauch sieht man Körnchen der Muskelfaser (Sarkosomen) in Brownscher Molekularbewegung[1]).

3. „Trübe" Fasern (*1*) enthalten zahlreiche Körnchen, wodurch die Querstreifung oft undeutlich wird. Man erblickt

---

[1]) Das Sarkolemm der Skelettmuskelfasern enthält im ungefärbten Praparat nicht sichtbare, aber z. B. durch Silbermethoden darstellbare Gitterfasern, die Auslaufer eines außerhalb der Membran gelegenen, ansehnlichen „Faserstrumpfes"; die zarten Verbindungen mit letzterem reißen offenbar leicht durch, so daß man ein anscheinend glattes Sarkolemm isolieren kann. Ich halte es für das Wahrscheinlichste, daß diese (Gitterfasern enthaltende) Membran von der Muskelfaser selbst ausgeschieden wird, was wir auch bei den Hautchen an der Oberfläche der Herzmuskelfasern und der glatten Muskelfasern annehmen müssen; während aber in den beiden letzteren Fallen die Hautchen zwischen benachbarten Fasern meist gemeinsam (nicht doppelt) sind, lassen sich die Skelettmuskelfasern jede für sich mit dieser Membran isolieren, der man daher den Charakter einer Zellmembran zubilligen muß. Aus diesem Grunde wird hier der Name „Sarkolemm" ausschließlich für die Skelettmuskelfasern, nicht aber für die nur ein Wabenwerk bildenden Membranen der Herzmuskelfasern und glatten Muskelfasern gebraucht, welche sich meist nur als nackte Fasern isolieren lassen. Man kann alle diese Bildungen Bindegewebsbildungen nennen, insofern sie stofflich wohl mit ähnlichen (aus einer Kittsubstanz mit eingelagerten Silberfasern bestehenden) Bindegewebsmembranellen identisch sind, muß aber im Auge behalten, daß sie genetisch nicht auf gewöhnliche Bindegewebszellen, sondern auf die Muskelfasern zuruckgehen, die als Mesodermabkömmlinge eben gleichfalls Bindegewebsgrundsubstanz auszuscheiden vermögen.

in ihnen sarkoplasmareichere und dadurch zu ausdauernderer Arbeit befähigte Fasern, da in dem ununterbrochen arbeitenden Herzmuskel „trübe“ Fasern besonders häufig zu sehen sind. (Doch ist auch ihr dortiges Vorkommen sehr wechselnd.) Die Skelettmuskeln des Menschen bestehen nie ausschließlich aus „trüben“ oder „hellen“ (körnchenfreien) Fasern, sondern enthalten beide in wechselndem Verhältnis gemischt. Es ist kaum möglich, diese physiologischerweise „trüben“ Fasern von fettig degenerierten immer sicher zu unterscheiden.

4. Von der Querstreifung wollen wir zunächst die (weitaus häufigeren) Stellen besprechen, an welchen Q-Streifen zu sehen sind; diese finden sich nicht nur an typisch erschlafften Stellen, mit breiten, weiter auseinanderliegenden Streifen, sondern oft auch an solchen mit recht schmalen, enge gelagerten Querstreifen (*3*, oben[1]). Q ist die stärker lichtbrechende (an gefärbten Präparaten meist stärker gefärbte) Schichte der Querstreifung, die daher bei hoher Einstellung hell erscheint (*3*, *h*; *2*) und vor diesem Maximum der Helligkeit grünlich aufleuchtet. Für das Erkennen weiterer Einzelheiten ist es zweckmäßiger, die tiefere Einstellung zu wählen, bei der Q dunkel, die dazwischen liegenden, schwächer lichtbrechenden I-Streifen aber heller erscheinen. (I-Streifen, weil optisch isotrop im Gegensatz zu den doppelbrechenden Q-Streifen). An erschlafften Faserstellen, mit breiteren und weiter auseinanderliegenden Q-Streifen sieht man dann meist das helle I von einer scharfen dunkleren Linie, dem Z-Streifen, halbiert (*5*, *Z*), der also ebenso wie Q stärker lichtbrechend ist. Zwei Z-Streifen begrenzen einen als Muskelfach bezeichneten Abschnitt; es liegen ihnen feinste Membranen („Telophragmen“) zugrunde. In vielen Fällen (aber nicht immer) sieht man noch einen vierten Streifen: eine Halbierung von Q durch eine schwächer lichtbrechende, bei tiefer Einstellung also gleich I hellere Schichte, den Hensenschen Streifen (*5*, *H*). Wie schon erwähnt, zeigen oft auch „kontrahierte“ Faserstellen, d. h. solche mit enger Querstreifung (niedrigen Muskelfächern), immer noch Q-Streifen, die man an einer gewissen Dicke und ihrer fibrillären Zusammensetzung erkennt. Die eigentlichen Kontraktions- oder C-Streifen, die dadurch entstehen, daß Q schwächer lichtbrechend wird (dabei aber anisotrop bleibt!) und an Stelle von Z sich etwas dickere, aber immer strichscharfe Streifen bilden, habe ich am

[1]) Es handelt sich dabei wohl um jene eigentümliche, unter anderem auch durch chemische Reagenzien herbeifuhrbare Kontraktionsform, die zuerst Stübel (1921) beschrieben hat.

Leichenmaterial des Skelettmuskels nur äußerst selten gesehen (wofür ich noch keinen Grund anzugeben weiß), während sie im frischen Herzmuskel oft das Vorherrschende sind; dort sind sie auch abgebildet.

5. Die fibrilläre Struktur ist zunächst in Form einer unausgesprochenen Längsstreifung der Fasern zu sehen, kann aber manchmal durch einen weitgehenden Zerfall in Fibrillen an den Rißenden (*3*, oben) sehr deutlich hervortreten, wobei man die Querstreifung auch noch als Quergliederung der Einzelfibrillen verfolgen kann.

6. Sehr gut sieht man meistens die hauptsächlich in der Längsrichtung der Fasern verlaufenden Kapillaren (*4* und *5*), die oft so dünn sind, daß die Blutkörperchen zu schmalen Zylindern umgeformt sind (*5*).

4. Herzmuskel

Makroskopisches, Präparation: Braunrote Farbe; man sieht, wenn man ein ganzes Stück Herzwand vor sich hat, innen Trabeculae carneae (eventuell mit Chordae tendineae von den Klappen), geglättet durch das Epithel des Endokards, außen die gleichfalls epithelbedeckte Oberfläche des Epikards (oder viszeralen Perikards), meist von gelben Fettmassen unterlagert. Man wählt am besten ein Stückchen von der Oberfläche einer Trabecula carnea. Das Zerzupfen gelingt nicht nach einer Spaltrichtung wie beim Skelettmuskel und soll möglichst gründlich erfolgen.

Schwache Vergrößerung: Man sieht an unzerzupft gebliebenen Partien gelegentlich die netzförmigen Zusammenhänge der Fasern, im übrigen nur Faserbruchstücke.

Starke Vergrößerung (Abb. 18): 1. Die Kerne liegen, oft zu zweien hintereinander, in der sarkoplasmatischen Achse der Fasern; sie sind meist oval, können aber durch Zusammenschiebung fast rechteckig werden und finden sich auch isoliert (*K*). Die schon bei den anderen Muskelkernen erwähnte Ablagerung von stark lichtbrechenden oder gefärbten Körnchen im Sarkoplasma ist hier ganz besonders ausgesprochen, oft pathologisch gesteigert. Man nennt dieses gefärbte Lipoid („Lipochrom") hier auch „Abnützungspigment" und wird durch dieses geradezu auf die oft sehr schwer sichtbaren Kerne aufmerksam.

(2. Die hautchenartigen Hullen der Herzmuskelfasern (*4*) sind nur sehr schwer zu beobachten, weil sie wahrscheinlich zarter sind als das Sarkolemm der Skelettmuskelfasern und vor allem weil sie (wie schon dort angefuhrt wurde) keine vollstandige, separate

Hülle für jede einzelne Faser bilden, so daß isolierte Faserstücke meist ohne diese Hülle isoliert werden. Aus diesem Grunde wird hier auch der Name Sarkolemm von mir nicht verwendet.)

3. Eine der hier besonders häufigen körnchenreichen „trüben“ Fasern ist in *4* abgebildet.

4. Die Querstreifung tritt uns vorwiegend unter dem Bilde der C-Streifen (*1*, *C*) entgegen, deren Wesen schon beim Skelettmuskel erklärt wurde. Wir benennen in diesem Stadium die schwächer lichtbrechend gewordene (also bei tiefer Einstellung helle) Q-Schichte zweckmäßig mit Q′ (*1*, *Q′*). Ein Zwischenstadium zwischen ausgeprägten Q-Streifen und der Streifungsform C—Q′ ist jenes Stadium, in welchem die Mitte des schwächer lichtbrechenden Q′ von der feinen, stärker lichtbrechenden Linie M (*3*, *M*) halbiert ist, die also dieselbe Lage hat wie der Hensensche Streifen, aber eben in einem anderen Funktions- und Lichtbrechungszustande der Q-Schichte zu verfolgen ist als dieser; es ist noch ungeklärt, ob der M-Streifen als Zwischenstadium vor der vollständigen Kontraktion oder vor der Wiedererschlaffung aufzufassen ist. (Ich glaube eher an das letztere.) Man erkennt M daran, daß an einer Stelle mit C-Streifen (die noch deutlicher und stärker lichtbrechend sind als Z-Streifen, anderseits nicht fibrillär zusammengesetzt so wie Q-Streifen) die Mitte des Muskelfaches ebenfalls eine stärker lichtbrechende (bei tiefer Einstellung dunklere) Linie aufweist, die aber zarter ist als C. Selbstverständlich kann man auch hier Faserabschnitte mit Q- und Z-Streifen (wenn auch seltener als im Skelettmuskel) beobachten (*2*, oben); die abgebildete Stelle zeigt den häufig zu beobachtenden jähen Wechsel zwischen einem derartigen erschlafften und einem ganz kontrahierten Abschnitt mit C und Q′; hier schiebt sich ein sogenannter „Glanzstreifen“ ein, den wir als nächsten Punkt besprechen wollen.

5. Glanzstreifen sind stärker lichtbrechende Stellen, die oft abgestuft (d. h. in der Höhe verschiedener Muskelfächer) die Fasern durchsetzen (*1* und *2*, *G*); ihre Grenzen entsprechen immer genau den Grenzen eines Muskelfaches, also einem Z- oder einem C-Streifen. Daß es sich um Muskelfächer handelt, die zu einer stark lichtbrechenden Masse geworden sind, ist heute anerkannt; eine befriedigende Erklärung für ihr zum Teil regelloses Auftreten ist noch nicht gefunden.

6. Epithelzellen des Endokards (*EZ*), eines einschichtigen prismatischen Epithels, können recht verschiedene Größe zeigen, was offenbar mit dem Ausdehnungszustand der Unterlage zusammenhängt. (Aus dem Endokard isoliert man

auch dichte elastische Fasernetze, aus ziemlich feinen Fasern bestehend, und glatte Muskelfasern, die verzweigt sein können.)

7. Auch hier kann man, wenn auch nicht so günstig wie im Skelettmuskel, oft Kapillaren (*4*) zu Gesicht bekommen.

5. Nerv

Makroskopisches, Präparation: Ein dickerer zerebrospinaler Nervenstamm (wir untersuchen meist den Nervus ischiadicus) hat infolge des reichlich eingelagerten Fettgewebes oberflächlich eine gelbliche Farbe; die makroskopisch deutlich sichtbaren (oft einige Millimeter im Durchmesser habenden) Nervenfaserbündel, aus denen er zusammengesetzt ist, sind dagegen glänzend weiß (weil ja die Myelinscheide der Nervenfasern das Licht stark reflektiert; vorwiegend marklose Fasern enthaltende Eingeweidenerven sehen makroskopisch mehr grau aus). Man sieht diese Bündel am besten an den Schnittenden hervortreten. (Ihre glatte Oberfläche beruht auf dem das häutige Perineurium bedeckenden Epineurium, das aus rein längs verlaufenden Fibrillenmassen besteht und dadurch schon makroskopisch von dem verbindenden lockereren Bindegewebe sich unterscheidet.) Es ist nun außerordentlich wichtig, daß man nicht wahllos irgendetwas aus dem Nerven herausschneidet; vielmehr muß man ein solches Bündel auf ungefähr ½ cm Länge mit der scharfen (!), kleinen, gekrümmten Schere möglichst rein herauspräparieren und ohne quetschendes Anfassen mit der Pinzette von der Schere direkt auf den Objektträger abstreifen. Beim Zerzupfen in reichlicher (!) Kochsalzlösung wird man deutlich spüren, daß zuerst eine festere Scheide dieses (oder dieser) Bündel — das Perineurium — gesprengt werden muß, bevor die Nervenfasern gleichsam auseinanderquellen. Das Bindegewebe erscheint im Kochsalztropfen auf schwarzem Untergrund mehr bläulichweiß, die Nervenfasernmassen mehr gelblich (elfenbeinfarbig). Man trachte, die letzteren zu moglichst dünnen Schichten auszubreiten.

Schwache Vergrößerung (Abb. 19): Man überzeuge sich zunächst, ob man überhaupt Nervenfasern im Praparat hat! Diese erscheinen infolge ihrer starken Lichtbrechung durch ihre Auslöschungslinien schwarzlich, im Gegensatze zu den bräunlichen oder farblosen Bindegewebsmassen. Im übrigen kann man bereits zwei von den Bindegewebshüllen der Nervenbündel deutlich unterscheiden:

1. Massen kollagener Fibrillen (mit ziemlich dicken elastischen Fasern durchsetzt). die bei schwacher Vergrößerung bräunlich

sind; sie entstammen dem parallel-längsfaserigen Epineurium (rechts), wie auch dem anschließenden interstitiellen Bindegewebe, welches auch Fettzellen enthält. (Man trachte daher, durch sauberes Herausschneiden der Bündel möglichst wenig von diesen störenden Begleitern mitzubekommen.)

2. Man sieht hie und da ein in Falten gelegtes Häutchen (links), das nicht so fibrillenreich wie das Epineurium ist und daher auch nicht bräunlich erscheint: das ausgesprochen lamellär gebaute Perineurium.

Starke Vergrößerung (Abb. 20): A. Markhaltige Nervenfasern. Man beachte an diesen folgende Einzelheiten:

1. Ihre Dicke kann außerordentlich verschieden sein (vgl. z. B. *1* und *4*).

2. Der Achsenzylinder wird durch die stark lichtbrechende Myelinscheide vollkommen verdeckt und tritt nur, wo diese unterbrochen ist, im Bereich eines „Ranvierschen Schnürringes", manchmal (*1*, bei *R. S.*) in Erscheinung.

3. Die Myelinscheide intakter Nervenfasern begrenzt sich (im optischen Längsschnitt) beiderseits nach außen und innen mit scharfen, infolge der starken Lichtbrechung des Myelins sehr breiten Auslöschungslinien. In das Innere vorquellende Myelintropfen (*1*, unterhalb *R. S.*), noch mehr aber eine Zersplitterung durch Längsspalten (*5* und *6*) sind als Dekomposition zu betrachten, die nicht nur durch das Präparieren, sondern auch durch postmortale Veränderung des verwendeten Materials zustande kommen kann. Man findet oft auch ausgetretene Myelinmassen (*5*, *Mf.*), ein Bild, das sich durch Zerzupfen des Nerven in reinem Wasser in größerem Ausmaße herbeiführen läßt. Derartige „Myelinformationen" sind durch ihre blättrige Oberfläche (wodurch ineinandergeschlungene aufleuchtende, somit „doppeltkonturierte" Linien entstehen) von Fettmassen (auch wenn diese nicht kugelig sind) zu unterscheiden.

4. Die Myelinscheide ist in regelmäßigen Abständen von schrägen Spalten, den Schmidt-Lantermanschen Inzisuren (*1*, *2*, *3*, *4*) durchsetzt. Diese erscheinen, wahrscheinlich infolge der Zerrungen, denen die Fasern beim Präparieren ausgesetzt sind, oft als besonders weitklaffende Spalten, die von oben außen nach unten innen, aber auch umgekehrt, verlaufen können. Diese Spalten werden durch eine quer verlaufende Struktur überbrückt, die sich auch weiterhin der Fläche nach verfolgen läßt (und mehr minder deutlich hervortritt): von den Golgischen Spiralen. (NB.: Inzisuren und Spiralen sind an einer zer-

splitterten Myelinscheide — z. B. bei *5* und *6* — überhaupt nicht mehr zu sehen!)

5. Die Ranvierschen Schnürringe (*1*, *R. S.*) stellen Unterbrechungen der Myelinscheide dar, so daß an diesen Stellen die zweite Scheide der peripheren markhaltigen Nervenfaser, die sonst durch die stark lichtbrechende Myelinscheide vollkommen verdeckt wird, die Schwannsche Scheide, als zarte, begrenzende Linie sichtbar wird. (Daß an dieser Stelle auch gelegentlich der Achsenzylinder zu sehen ist, wurde schon erwähnt.) Daß im frischen Isolationspräparat die Myelinscheide nicht erst bei der engsten Stelle des Schnürringes, sondern schon eine Strecke vorher aufhört, ist wohl durch die Zerrung der ungemein empfindlichen frischen Nervenfaser zu erklären. Die Schnürringe liegen beim Menschen meist zirka 1 mm weit auseinander, so daß man an einer zufälligerweise auf eine lange Strecke verfolgbaren Nervenfaser bei schwacher (zirka 100facher) Vergrößerung an derselben Faser für gewöhnlich höchstens zwei Schnürringe sehen kann (Gesichtsfelddurchmesser zirka 1 mm).

6. Auf die Strecke zwischen zwei Schnürringen entfällt immer ein Kern des Neurilemms oder der Schwannschen Scheide. Diese Kerne sind recht groß, oval, bläschenförmig, mit deutlichem Nukleolus, sind am leichtesten in der Profilansicht (*2*, *S. K.*), der Faser seitlich angelagert, aber gelegentlich auch von der Fläche (*3*, *S. K.*) zu sehen; man wird gerade im frischen Zupfer dadurch leicht auf diese Kerne aufmerksam, daß sie von einer grobkörnigen Protoplasmazone umgeben sind. Die Schwannsche Scheide selbst ist, wie schon erwähnt, nur im Bereiche eines Schnürringes als zarte Begrenzungslinie sichtbar.

(Bei sehr aufmerksamer Beobachtung wird man außerdem auch Stellen finden (*6*, *S. S.*), wo eine Faser mit meist zersplitterter Myelinscheide sich in ein äußerst zartes durchsichtiges Häutchen fortsetzt, das nichts anderes ist als der leere und dadurch sichtbar gewordene Schlauch der Schwannschen Scheide.)

B. Marklose Nervenfasern: Ihre Menge ist recht beträchtlich, da ja die durch die Rami communicantes beigemischten Fasern des sympathischen Systems nicht nur Gefäße und Hautdrüsen, sondern auch jede einzelne quergestreifte Muskelfaser zu versorgen haben. Man findet sie an gut ausgebreiteten Stellen, wo sie nicht durch dicht gedrängte markhaltige Fasern verdeckt werden. Es sind blasse Fasern (*7*), an welchen in kurzen Abständen die (hier viel dichter gelagerten) Neurilemmkerne (Schwannschen Kerne) sitzen; diese sind schmal und von dichter Chromatinstruktur.

C. Sonstiges: Zwischen den isolierten Nervenfasern findet man spärliche kollagene Fibrillen, die durch ihren ganz geradlinigen Verlauf auffallen; sie gehören der innersten Bindegewebsscheide, dem Endoneurium (Key-Retziusschen Scheide), an (*1*, *E*). Auch Bindegewebszellen dieser Schichte kann man als nicht deutlich abgegrenzte Protoplasmakomplexe um einen ovalen bläschenförmigen Kern (*1*, *B. Z.*) gelegentlich beobachten. Der Nervenzupfer ist auch eine günstige Fundstätte für gut isolierte kleine Venen.

6. Aorta

Makroskopisches, Präparation: An einer aufgeschnittenen Aorta erkennt man die Innenseite durch ihre glatte (epithelbedeckte) Oberfläche; gelbe Farbe (infolge des Reichtums an elastischer Substanz); Löcher in paariger Anordnung und in regelmäßigen Abständen entsprechen den Abgängen der Interkostalarterien. Höckerig vorgewölbte, weißliche Partien sind sklerotisch verändert, die tastende Pinzette kann sogar auf knirschende Kalkmassen stoßen. Das der Außenfläche anhaftende, faserig weiche Gewebe entspricht der Adventitia. Man setzt die gekrümmte Schere auf eine nicht pathologisch veränderte Stelle der Innenfläche und führt einen Scherenschlag, durch den man ungefähr bis zur halben Dicke der Wand vordringt. Die beiden so gesetzten, winkelig zusammenstoßenden Einschnitte ermöglichen ein Herausklappen des losgetrennten Gewebes, das man nunmehr durch einen zweiten Schnitt als dreieckiges Stückchen vollends herausschneidet und mit der Intimafläche zu oberst auf den Objektträger bringt. Meist kann man schon beim Zerzupfen beobachten, daß sich von dieser Innenfläche ein weiches, mehr durchsichtiges Häutchen ablöst, das man im Auge behalten und nicht etwa mit anderen, zu viel herausgeschnittenen Partien entfernen soll; es ist die innerste Schichte der Intima, die eine Reihe bemerkenswertester Einzelheiten zeigt. Das Übrige setzt dem Zerzupfen großen Widerstand entgegen, muß aber mit Geduld und Ausdauer weitgehend zerkleinert werden. (Die hier gegebene, genaue Anleitung soll verhindern, daß man die ganze Dicke der Aortenwand einschließlich der nichts Interessantes bietenden Adventitia herausschneidet, beim Zerzupfen so großer Massen der zähen Media nicht zurechtkommt und unzerzupft gebliebene Partien entfernt, wobei häufig gerade auch die Intima dieses Schicksal teilt.)

Schwache Vergrößerung (Abb. 21): Unzerzupft gebliebene Stücke der Media (*1*) sind ziemlich undurchsichtig; aus ihren

Rändern kann man elastische Platten glassplitterartig hervorragen sehen. Auch die verzweigten glatten Muskelfasern sind bereits als (meist in großer Menge) isolierte faserige Gebilde zu sehen. Wenn man bei richtiger Anfertigung des Präparates auch Stücke der Intima mit hineinbekommen hat, erkennt man diese als durchsichtige Häutchen; wenn die Bindegewebszellen dieser Schichte, die sogenannten Langhansschen Zellen, infolge sklerotischer Prozesse mit Fetttröpfchen gefüllt sind, so erscheinen dann diese Intimafetzen mit verzweigten, schwärzlichen Flecken durchsetzt (*2*), die den mit Fetttropfen gefüllten Zellen entsprechen. (Kollagene Fibrillenmassen und die gewöhnlichen, spärlich verzweigten elastischen Fasern findet man nur, wenn man Teile der Adventitia mitzerzupft hat.)

Starke Vergrößerung (Abb. 22): 1. Die Endothelzellen (*E. Z.*) der Aorta sind breitere Platten als die schmalen Endothelzellen kleinerer Gefäße.

2. Die innerste Schichte der Intima ist ein dem Gallertgewebe ähnliches Gewebe, in welchem die Räume zwischen den verzweigten Bindegewebszellen (Langhansschen Zellen, *L. Z.*) vollkommen von reichlicher Kittsubstanz und silberschwärzbaren (nicht kollagenen) Fibrillen erfüllt sind. Diese Schichte enthält außerdem auch feine elastische Längsfasern (die im Zupfpräparat nicht zu unterscheiden sind) und glatte Muskelfasern (*3*, oben). Auch die Langhansschen Zellen sind, sowie die Bindegewebszellen des Nabelstranges, in situ meist nur sehr schwer zu sehen (die abgebildete Stelle bei *3* ist ein besonders günstiger Fall), außer bei Füllung mit Fetttröpfchen (*4*). Manchesmal lassen sich diese Zellen aber gut isolieren (*1*, *2*).

3. Elastische Fasergeflechte (keine Platten!) stammen aus den tieferen Schichten der Intima, die dickere elastische Fasern enthalten als die innere Schichte, und zwar in zirkularer und longitudinaler Anordnung (so, daß die Aortenintima von innen nach außen feine elastische Langsfasern, dann derbere Ring- und wieder Langsfasern enthalt, was naturlich nur an orientierten Schnitten zu sehen ist).

4. Verzweigte glatte Muskelfasern (*M. F.*), die sich oft in großer Menge isolieren lassen, stammen vorwiegend aus der Media, finden sich aber, wie erwähnt, auch in der innersten Intimaschichte (vgl. Endokard!).

5. Elastische Platten findet man am leichtesten an den Rändern unzerzupft gebliebener Stücke der Media herausragend, natürlich aber auch ganz isoliert. Sie zeigen entweder eine aus-

gesprochene Netzfaserstruktur (*el. Pl.*, *1*), aber auch mehr homogene Stellen (*el. Pl.*, *2*), welche oft durchlöchert sind.

6. Stark lichtbrechende Körnchen, die so klein sind, daß sie Brownsche Molekularbewegung zeigen, finden sich fast immer, besonders zahlreich in stark verkalkten Aorten; die spezifisch schwereren, die zu Boden sinken und in derselben Ebene liegen wie die isolierten Gewebselemente, sind Kalkkörnchen (*K. K.*), während sich Fetttröpfchen bei Einstellung auf die oberste Schichte der Flüssigkeit beobachten lassen.

7. Thymus

Makroskopisches, Präparation: Die Thymus gehört zu den aus Läppchen zusammengesetzten Organen; doch sind diese Läppchen keineswegs so deutlich und tief eingeschnitten wie bei den Speicheldrüsen. Die meiste Ähnlichkeit besteht noch mit der Schilddrüse, doch unterscheidet sie sich von dieser durch die mehr weiche Konsistenz und die meist blaßrote Farbe. Eine vollständig herauspräparierte Thymus (meist bekommt man aber nur Stücke des Organs zu sehen) besteht aus vier Lappen, einem Paar großer und einem Paar kleiner, die paarweise bilateralsymmetrisch entwickelt sind. Die Oberfläche ist nicht von Epithel bedeckt, sondern wird von einer mit der Pinzette teilweise abhebbaren Kapsel lockeren Bindegewebes gebildet. Entsprechend ihrer Lage auf der Kuppe des Herzbeutels, haftet oft ein Stück dieses „parietalen Perikards" (eine aus membranösem Bindegewebe bestehende Gewebsplatte, die weißlich erscheint und von Epithel geglättet wird) an der herausgeschnittenen Thymus. Man achte auch auf eingestreute (gelbe) Fettläppchen sowie auf kleine Lymphknoten, die mit dem anhaftenden Gewebe herausgeschnitten sein können (abgegrenzte, bohnenförmige Gebilde von meist tiefer rötlichbrauner Farbe als die Thymus). Ein kleines Stückchen aus dem eigentlichen (!) Thymusgewebe wird nicht sehr stark zerzupft, da die sich massenhaft isolierenden Zellen (hauptsächlich Lymphozyten) sonst zu dicht gelagert sind. Eine (normale) Thymus ergibt daher sofort beim Zerzupfen eine milchige Trübung der Flüssigkeit.

Schwache Vergrößerung (Abb. 23): An unverzupften Gewebspartien tritt, besonders an den Rändern, die Zusammensetzung aus zahllosen kleinen Rundzellen (Lymphozyten) hervor, bei natürlicher Blutfüllung auch sehr schön das Kapillarnetz (*1*); mehr im Innern der Stücke sieht man auch schon die konzentrisch geschichteten Hassallschen Körperchen. Ein ganz fremdartiges Bild kann eine stark involvierte

Thymus bieten (*2*): sehr spärliche Lymphozyten (makroskopisch keine milchige Trübung), dagegen bei Einstellung auf die oberste Flüssigkeitsschichte massenhaft (bei schwacher Vergrößerung schwärzliche) Lipoidkörnchen, so daß man an eine Schilddrüse (siehe später) erinnert wird; dies um so mehr, als die unverzupften Gewebspartien mit schwärzlichen Flecken durchsetzt erscheinen; diese entsprechen den mit Lipoidtröpfchen dicht erfüllten Retikulumzellen. Gerade in solchen Thymen trifft man oft verkalkte Hassalsche Körperchen (*2, verk.*), die daran zu erkennen sind, daß sie im gewöhnlichen durchfallenden Licht infolge ihrer Undurchsichtigkeit intensiv schwarz sind, im auffallenden Licht (wenn man den Mikroskopspiegel mit der Hand bedeckt) aber kreidigweiß. (Auch die viel häufigeren hyalin degenerierten Hassalschen Körperchen sind im auffallenden Lichte weiß, wie ja das ganze übrige Gewebe auch weißlich erscheint; sie reflektieren das Licht aber nicht so stark wie die Kalkmassen und sind vor allem im durchfallenden Licht nicht so undurchsichtig.)

Starke Vergrößerung (Abb. 25): 1. Lymphozyten (*Lz.*) sind die (in einer normalen Thymus) vorherrschende Zellart; auch große rundkernige Leukozyten finden sich in wechselnder Menge.

2. Plasmazellen (*Pl. Z.*) finden sich in involvierten Thymuspartien und müssen nicht immer vorhanden sein.

3. Auch die granulierten Leukozytenformen treten mehr in den Hintergrund. Oft findet man ziemlich zahlreich Zellen, die von grobgranulierten (eosinophilen) Leukozyten kaum zu unterscheiden sind, höchstens durch ihren kugeligen (nicht polymorphen) Kern (die rechte der zwei unter *6* gruppierten Zellen); solche Zellen sind durch alle Übergänge mit den gleich zu besprechenden phagozytären Retikulumzellen verbunden, gehen also wohl genetisch auf solche zurück.

4. Die Retikulumzellen (die ja in der Thymus epithelialen, beim Menschen speziell entodermalen Ursprunges sein sollen) können in außerordentlich verschiedener Form zur Beobachtung kommen; ein immer gleichbleibendes Merkmal ist der ovale, chromatinarme (bläschenförmige) Kern. Man kann einen solchen Kern mit seinem Protaplasmabezirk halb versteckt zwischen umgebenden Lymphozyten (*1*), man kann ihn vor allem oft isoliert finden (*2*). Besonders auffallende, vom typischen Bild einer Retikulumzelle ganz verschiedene Formen entstehen aber dadurch, daß die Retikulumzellen die Lymphozyten (in oft

unglaublicher Menge) phagozytieren[1]). Man sieht dann große „Körnerkugeln" (*4*), in welchen die Lymphozyten als stärker lichtbrechende Kügelchen, bei günstiger Lage auch der große, bläschenförmige Kern zu sehen ist. Mit dem Fortschreiten der intrazellulären Verdauung sieht man dann Vakuolen an Stelle der Lymphozyten und Körnchen lipoider Natur (*5*), wahrscheinlich aus Lezithin bestehend, auftreten. Die Zellen verkleinern sich immer mehr (*6*), werden dabei offenbar zu freien, nicht mehr mit dem Retikulum zusammenhängenden Elementen. Die Menge der Lipoidkörnchen ist eine wechselnde (*7*), dicht mit solchen gefüllte Zellen können schließlich ganz wie grobgranulierte Leukozyten aussehen (*6*, unten). In den im vorigen Abschnitt beschriebenen, stark involvierten Thymen findet man charakteristisch verzweigte, ganz mit Lipoidkörnchen gefüllte Retikulumzellen (*8*).

5. Von Hassalschen Körperchen kann man auch isolierte Elemente finden (*H. K.*), platte Zellen mit manchmal noch erkennbaren Kernen sowie auch stärker lichtbrechende hyaline Platten[2]).

8. Milz

Makroskopisches, Präparation: Die Schnittflächen der Milz zeigen eine intensiv blutrote Farbe (die an der der Luft ausgesetzten Oberfläche arteriell hellrot, an der aufliegenden Fläche dunkelbraunrot ist). Die an natürlichen Oberflächenpartien sichtbare Kapsel ist oft (durch eingelagerte glatte Muskulatur oder auch durch Zusammenschiebung) gerunzelt, besitzt aber eine durch das Peritonealepithel geglättete Oberfläche. An den Schnittflächen sieht man als feine Verästelungen die Trabekel, in den gröberen Trabekeln eventuell als Löcher angeschnittene Venen. Die Malpighischen Knötchen treten manchmal als weißliche Pünktchen hervor. Die blutrote Pulpa zwischen den Trabekeln ist weich, so daß bei schlecht erhaltenen Milzstücken die Kanten durch Zerfließen abgestumpft erscheinen. Ein 2 bis 3 mm messendes Klümpchen wird ausgewaschen

---

[1]) Wodurch ja offenbar die durch alle möglichen Krankheitsprozesse verursachte „akzidentelle Involution" zustande kommt. Krankenhausmaterial läßt daher fast immer Stadien dieses Prozesses erkennen. Diese so wichtige Beobachtung Schaffers (Med. Klinik, H. 17. 1921; Lehrbuch 1922) wurde zuerst an frischen Zupfpräparaten gemacht.

[2]) Gelegentlich kann man auch Erythroblasten in einem Thymuszupfer finden.

und auf einem anderen Objektträger nur so lange zerzupft, daß keine zu starke Trübung durch die roten Blutkörperchen eintritt.

Schwache Vergrößerung (Abb. 24): Unzerzupft gebliebene Partien lassen die (immer nur dichotom!) verästelten Arterien durchschimmern. (Will man solche besonders günstig darstellen, so muß man das Auswaschen, d. h. das Übertragen in frische Kochsalzlösung, eventuell mehrmals wiederholen.) Gewöhnlich findet man auch braune Flecken — pigmentgefüllte Zellen — aus diesen Gewebspartien hervortreten.

Starke Vergrößerung (Abb. 26): 1. Endothelzellen der kapillaren Milzvenen sind das für die Milz absolut charakteristische Element. Sie unterscheiden sich von gewöhnlichen Endothelzellen in der Profilansicht (*1*) durch den stark vorspringenden Kern, die etwas größere Dicke und durch stärker lichtbrechende Leistchen an ihrer Außenfläche, die durch Einkerbungen getrennt sind. (In diese Einkerbungen schneiden in situ die sogenannten „Ringfasern" ein, die das einzige Korrelat des geschlossenen Grundhäutchens anderer Kapillaren darstellen; im Zupfer konnte ich die Ringfasern nicht sicher beobachten.) Von der Fläche gesehen (*2*) ragt der Kern über die Ränder der Zelle vor, die Leistchen schimmern als eine Art Querstreifung durch, während die fibrilläre Struktur dieser Zellen als Längsstreifung angedeutet sein kann. Die Krümmung (welche fast immer so erfolgt, daß die Außenfläche konvex wird) kann so stark sein, daß die Fortsätze vollständig übereinandergeschlagen sind (*1a*), wodurch ein Bild entsteht, das man zunächst für eine große runde Zelle halten könnte[1]).

2. Lymphozyten (*5*) und große rundkernige Leukozyten (*6*) sind in großer Menge vertreten (Malpighische Knötchen!).

3. Plasmazellen (*7*) kommen sehr häufig, wenn auch nicht immer, vor[2]).

[1]) In offenbar pathologischen Milzen habe ich auch zwei- und mehrkernige Endothelzellen der kapillaren Milzvenen (*3*) mehrfach gesehen, eine Beobachtung, die mir wertvollerweise durch Herrn Prof. Hellmann (Lund) bestätigt wurde. Die mir von ihm bereitwilligst zugesandten Zeichnungen (von Sepsisfallen) zeigen auch riesige Phagozyten, die nicht nur rote Blutkörperchen (siehe später), sondern sogar Plasmazellen und verschiedene Leukozytenformen als Einschlüsse enthalten.

[2]) Man findet gelegentlich zweikernige Plasmazellen (*8*), aber auch solche, die nicht mehr den typischen Lymphozytenkern, sondern einen größeren, chromatinärmeren besitzen (*9*); man hat den Eindruck, daß große freie Rundzellen nach Art der „Makrophagen" auch auf diesem Wege entstehen können.

4. Von den granulierten Leukozyten findet man vorwiegend die fein granulierten (neutrophilen) (*10*); sehr oft enthalten sie ein, sogar zwei rote Blutkörperchen (*11*) als phagozytären Einschluß (an der grünen Farbe kenntlich). Es kommen aber auch grob granulierte Leukozyten vor (*12*).

5. Retikulumzellen kommen in der Milz in den lymphoretikulären Gewebspartien (den „Malpighischen Knötchen") und in den Pulpasträngen vor. Eine sichere Unterscheidung beider ist im Isolationspräparat nicht möglich. Man findet charakteristisch verzweigte Zellen mit nur spärlichem Protoplasma um den Kern und scharf hervortretenden dünnen Fortsätzen (*14*), aber auch plumpe Formen, die wohl meist nur unvollständig isoliert sind (*15*, *16*) und die oft Einschlüsse von hämatogenem (aus phagozytierten roten Blutkörperchen stammendem) Pigment (*16*) zeigen. Auch hier findet man (wenn auch viel seltener als in der Thymus) gelegentlich riesige abgerundete Phagozyten, die aber hier nicht Lymphozyten, sondern rote Blutkörperchen enthalten (*18*). Daß Retikulumzellen rote Blutkörperchen phagozytieren können, ist wohl sicher (*16*); es fragt sich nur, ob nicht aus Plasmazellen und noch anderen Elementen ebenfalls „Makrophagen" werden können; daß typische polymorphkernige Leukozyten auch rote Blutkörperchen einschließen können, wurde schon erwähnt. Aus zertrümmerten Zellen stammend findet sich auch isoliertes Pigment (*13*).

6. „Milzkörnchen" (*4*) sind nicht sehr stark lichtbrechende, farblose, eckige Körnchen, die sich fast immer finden, deren Bedeutung nicht recht klar ist. Es wäre möglich, daß es sich um körnige Stoffwechselprodukte in Retikulumzellen (*17*) oder Makrophagen handelt, die bei deren Zertrümmerung isoliert werden.

9. Schilddrüse

Makroskopisches, Präparation: Die Läppchen dieses Organs sind nicht so deutlich und tief eingeschnitten wie bei den Speicheldrüsen; eine Verwechslung wäre daher höchstens mit der Thymus möglich. Doch besitzt die Schildrüse eine derbere Konsistenz, bei starker Blutfüllung eine dunkelrote, bei mangelnder eine gelbliche Farbe und eigentümlichen Speckglanz (infolge des Kolloidgehaltes). Aus pathologisch vergrößerten Follikeln kann das Kolloid an einer Schnittfläche in Form einzelner gallertiger Klümpchen halbkugelförmig hervorquellen. Bindegewebige Kapsel ohne Ephitelbedeckung. Gefäße (Arterien dickwandig, klaffend); häufig mitherausgeschnittene

Muskelstücke. Bei starker Blutfüllung auswaschen, gut zerzupfen!

Schwache Vergrößerung (Abb. 28): Zusammenhängende Partien lassen mehr minder deutlich die (sehr verschieden großen) Follikel (Alveolen) erkennen, die infolge des Lipoidgehaltes der Drüsenzellen schwärzlich aussehen. (Die Follikel können auch verzweigt sein, wie man an dem einen isolierten Kolloidklumpen — bei *K* — ersehen kann.) Normale, lipoidreiche Schilddrüsen zeigen in der obersten Schichte der Flüssigkeit schwimmend massenhaft isolierte Lipoidkörnchen. Bei Blutfüllung sieht man oft sehr gut das die Alveolen umspinnende Kapillarnetz (*Kap.*). Kolloidgefüllte Follikel treten durch ihren stärker lichtbrechenden Inhalt heller aufleuchtend hervor (*k*). Isoliertes Kolloid (*K*) erscheint in Klumpen sehr verschiedener Größe, die oft muschelige Bruchflächen zeigen und sich schon durch ihre Form von Fetttropfen oder Fettmassen unterscheiden; meist sind sie auch schwächer lichtbrechend, manchmal nur wenig stärker als die Flüssigkeit. (Es hängt dies vom Grade der Eindickung ab.) Gerade ganz normale (lipoidreiche) Schilddrüsen enthalten oft nur ganz wenig Kolloid.

Starke Vergrößerung (Abb. 29): 1. Drüsenzellen isolieren sich oft in Verbänden, so daß man manchmal ganze Wandstücke zerrissener Alveolen vor sich hat (*1*); die Einzelzellen sind normalerweise kleine, niedrig prismatische Zellen (*2*), deren Kern ungefähr Lymphozytengröße hat und an der Basis gelegen ist, während der distale Teil mit eckigen, stark lichtbrechenden Lipoidkörnchen erfüllt ist, in welchen wir das spezifische Sekretionsprodukt dieser Zellen zu erblicken haben. Zahlreiche isolierte Kerne (*K*). Es finden sich aber auch Zellen von oft viel beträchtlicheier Größe (*3*, *4*), dementsprechend auch isolierte, viel größere Kerne.

2. Auffallend sind sogenannte „Lipoiddrüsen" (*L. Dr.*), d. h. Aggregate gröberer Lipoidkörner, die sich nur bei älteren Personen finden; ich vermute, daß sie aus mächtig vergrößerten Drüsenzellen isoliert werden, wie man aus Vorkommen ähnlich dem bei *4* abgebildeten schließen muß.

3. Kolloidklumpen mit eingeschlossenen Lipoidmassen (*KO*, *a* und *b*) legen die Vermutung nahe, daß eine Ausstoßung und Umwandlung des Lipoids im Innern der Alveolen stattfinden kann.

4. Gelegentlich findet man Kristalle (*Kr*), deren Enden als vierseitige Pyramiden entwickelt sind, aus dem Kolloid auskristallisieren.

5. Besonders häufig sind (infolge des reichen Kapillar- und Gefäßnetzes der Thyreoidea) isolierte Endothelzellen (*E. Z.*). (Auch feinste Bindegewebsmembranellen und platte Bindegewebszellen kann man ebenso wie bei den Speicheldrüsen [siehe diese] isoliert finden, da ja auch hier das Grenzbindegewebe in Form feiner, mit Gitterfasern durchsetzter Lagen auftritt.)

10. Glandula mandibularis

Makroskopisches, Präparation: Die Mandibularis (Submaxillaris) besitzt (ebenso wie die makroskopisch an Stücken nicht von ihr zu unterscheidenden anderen Mundspeicheldrüsen) tief eingeschnittene Läppchen. (Diese Läppchen entsprechen noch nicht den kleinsten, im Schnitt durch eine dickere Bindegewebsschicht umrahmten Einheiten.) Gelbliche Farbe, derbe Konsistenz. Von einem größeren (dem ganzen Organquerschnitt entsprechenden) Stück Pankreas durch die stärkere Zerklüftung und die geringere Größe zu unterscheiden; oft auch anhaftende Muskelstücke. Auch größere Teile des Ausführungsganges lassen sich gelegentlich beobachten; ähnlich aussehende Arterien sind von derberer Konsistenz, ausgesprochen klaffend. Ein Klümpchen eigentlichen Drüsengewebes (man vermeide vor allem Fett!) wird sorgfältig weitgehend zerzupft, was ziemlich mühsam ist.

Schwache Vergrößerung (Abb. 27): Unzerzupfte Partien lassen vor allem die halbkugeligen Enden der Drüsenschläuche, die Endstücke, hervortreten; diese erscheinen durch die Sekretkörnchen in den Zellen bräunlich, mit glänzenden Rändern (Basalmembranen). Eingestreute Fettzellen besitzen ungefähr die Größe eines Endstückes im Querschnitt. Manchmal sieht man schon in situ, meist aber erst bei Isolierung, die mit hochprismatischen Zellen ausgekleideten Abschnitte der Ausführungsgänge (nicht granuliert, gelblich) hervortreten. Stücke mit ampullenartigen Erweiterungen sind meist Streifenstücke (Speichelrohre) (*Sp. R.*), die von Bindegewebe umgebenen aber interlobuläre Abschnitte (*int. A.*); ihre sichere Unterscheidung ist aber erst bei stärkerer Vergrößerung möglich und auch dann nur bei günstigem Material. Oft sind sie überhaupt gar nicht oder nur schlecht zu finden, wenn sie nämlich in ihre Zellen zerfallen oder durch Lipoideinlagerung in die Zellen undurchsichtig geworden sind. (Über die Unterscheidung vom Pankreas siehe dieses.)

Starke Vergrößerung (Abb. 30): 1. Albuminöse (seröse) Drüsenzellen finden sich (im Gegensatz zum Pankreas!) nur selten einzeln isoliert (*s. Z.*). Man findet vorwiegend ganze Endstücke (*1*, *2*), an welchen die meist körnchenärmeren, basalen Partien die Kerne durchschimmern lassen; oft haftet noch die bindegewebige Basalmembran (oder Membrana propria) (*1*, *B. M.*) daran. (Man kann sogar Korbzellen — s. später — in situ, innerhalb der Basalmembran erkennen: *2*, *K. Z.*) Das enge Lumen ist meist nicht zu unterscheiden. Die Sekretkörnchen finden sich nebst den kugeligen Kernen in großer Menge isoliert (*K.*). (Gut erhaltene Sekretkörnchen findet man nicht immer; oft beruhen die körnigen Einschlüsse der Zellen auf Verfettung!)

2. Muköse Zellen lassen sich meistens nicht sicher unterscheiden; gelegentlich aber kann man Zellen mit besonders groben Sekretkörnchen und eingedrücktem Kern (*m. Z.*, links), mit noch größerer Sicherheit aber leere Zellen mit an die Basis gedrängtem, eingedelltem Kern (*m. Z.*, rechts) als Schleimzellen erkennen.

3. Die Korbzellen lassen sich häufig nur so unvollständig isolieren, daß sie kaum zu finden sind, sind aber gelegentlich besser als mit jeder anderen Methode zu sehen (*K. Z.*). Vom Mittelpunkte der Zelle, der den meist dreieckigen Kern und daneben manchmal stark lichtbrechende (auch gefärbte) Einschlüsse enthält, gehen mehrere weiter verästelte, zum Teil stark lichtbrechende Forsätze aus.

4. Die bindegewebigen Basalmembranen kann man bei sehr sorgfaltiger Beobachtung in Fetzen isoliert finden (*B. M. is.*), ebenso wie auch die ihnen (außen) anliegenden platten Bindegewebszellen (*B. Z.*). Ich habe noch eine andere Art platter Zellen (*M. E.*), die größer und dicker sind, sehr häufig beobachtet: ich vermute, daß es sich um abgestreifte Mundhöhlenepithelien handelt, mit welchen das Organ beim Herauspraparieren wohl fast immer verunreinigt wird.

5. Ebenfalls seltener und schwerer zu finden sind Zellen und ganze Stücke vom Anfangsteil des Ausführungsganges, vom sogenannten Schaltstück (*S. s.*). Es sind niedrig prismatische Zellen, die aber höher sind als die im gleichen Abschnitte des Pankreas.

6. Isolierte Streifenstücke oder Speichelrohre (*Sp. R.*) lassen sich vom interlobulären Teile des Ausführungsganges dadurch unterscheiden, daß ihr hochprismatisches Epithel einreihig ist (man sieht nur die ovalen Kerne in der Mitte der Zellen, keine an der Basis) und eine basale Streifung zeigt; isolierte Zellen (*Sp. Z.*) zerfallen entsprechend dieser Streifung

an ihrer Basis in gröbere oder feine Fransen. Die freie Oberfläche zeigt eine Art stärker lichtbrechenden Kutikularsaumes.

7. Der interlobuläre Ausführungsgang (*int. A.*) ist meist von kollagenen Fibrillenmassen umgeben und läßt ein zwei- bis mehrstufiges Epithel (kugelige Kerne an der Basis) erkennen. Isolierte Zellen zeigen eine durch die Basalzellen stielförmig zusammengedrückte Basis; man sieht an ihnen eine Art Kutikularsaum, aber auch Bilder von kuppenförmiger Sekretion.

8. Die Speicheldrüsen sind besonders geeignet, um kleine Arterien und Eingeweidenerven daran zu beobachten.

11. Pankreas

Makroskopisches, Präparation: Für die Unterscheidung des Pankreas von anderen Organen gelten die schon bei der Mandibularis aufgezählten Eigenschaften. Von letzterer wieder kann man das Pankreas dadurch unterscheiden, daß die Läppchen kompakter gefügt (nicht so tief gespalten) sind; meist hat man auch ein größeres Stück vor sich, das einem Querschnitt durch das ganze Organ entspricht. Oft haftet daran ein dickwandiges, klaffendes Rohr: die Arteria lienalis. (Ein Pankreas von breiig weicher Konsistenz ist meist schon durch die bei diesem Organ besonders leicht eintretende Selbstverdauung geschädigt!) Das Zerzupfen muß ebenso gründlich geschehen wie bei der Mandibularis.

Schwache Vergrößerung (Abb. 31): Wir sehen auch hier (an einer gut erhaltenen Drüse!) die Endstücke deutlich hervortreten wie bei der Submaxillaris, ihre Dimensionen sind aber etwas kleinere. Ferner sieht man bereits massenhaft isolierte Drüsenzellen. Außerdem fallen einem als durchsichtigere (nicht granulierte) Röhrchen sehr verschieden weite Stücke des interlobulären Ausführungsganges (*int. A.*) auf, die von viel kleineren Zellen gebildet werden als die hochprismatischen Abschnitte in der Mandibularis. (Bei einem durch Selbstverdauung geschädigten Pankreas findet man oft ganze Drüsenpartien in stark lichtbrechende, bei schwacher Vergrößerung fast schwarz erscheinende Massen umgewandelt; das Suchen nach feineren Einzelheiten ist an einem derartigen Präparat meist ganz erfolglos!)

Starke Vergrößerung (Abb. 32): 1. Drüsenzellen (*D. Z.*) sind in großer Masse isoliert und zeigen manchmal gut erhaltene Sekretkörnchen (oft aber eine auf fettiger Degeneration beruhende Körnelung); Sekretkörnchen und Kerne sind ebenfalls häufig isoliert (*K*). Wenn man an ganzen Schlauchstücken ein so weites Lumen sieht wie bei *T*, so beruht dies wohl darauf, daß hier zentroazinäre Zellen (siehe später) herausgerissen wurden[1]).

2. Die Schaltstücke sind von niedrigen Zellen mit ovalen Kernen gebildete, durchsichtige Röhrchen (*Ss.*); man kann gelegentlich ihr Hineinragen in einen Komplex granulierter Drüsenzellen verfolgen, sogenannte zentroazinäre Zellen (*Ss. u. c. Z*; *c. Z.*).

3. Der anschließende, bereits außerhalb der Primärläppchen gelegene, interlobuläre Teil des Ausführungsganges findet sich in Stücken sehr verschiedenen Kalibers, die aber immer von relativ kleinen prismatischen Zellen gebildet sind (*int. A.*); sein Epithel ist durchwegs einreihig.

4. Auch im Pankreas finden sich Korbzellen (*K. Z.*) wie in den Mundspeicheldrüsen, die ebenfalls sehr häufig nicht gut isolierbar sind.

5. Auch hier sind Fetzen der bindegewebigen Basalmembranen (*B. M. is.*) und platte Bindegewebszellen zu sehen.

6. Gefäße und marklose Nerven lassen sich auch im Pankreas häufig gut beobachten.

12. Die Leber

Makroskopisches, Präparation: Die Leber zeigt braunrote (bei Verfettung gelbrote) Farbe und ziemlich feste Konsistenz (fester als z. B. die Milz), so daß die Schnittränder immer scharfkantig hervortreten. Natürliche Oberflächen sind von der Glissonschen Kapsel bedeckt, die vom Peritonealepithel geglättet wird. Der Läppchenbau tritt (entsprechend dem Konfluieren der Leberläppchen beim Menschen) nur insoferne hervor, als die Schnittfläche verwaschene rote Partien zeigt, welche nur unvollständig braune Partien umschließen: Ersteres sind die durch ihre Gefäße rot hervortretenden feineren Ausbreitungen des interlobulären Bindegewebes; in den braunen Stellen — den vielfach konfluierenden Läppchen — kann man meist erst bei Lupenvergrößerung (!)

---

1) Eine Unterscheidung der endokrinen Partien, der Langerhansschen Inseln, im Zupfer ist schwer möglich; die isolierten Zellen sind von Schaltstückelementen kaum zu unterscheiden, ganze Inseln treten höchstens bei Blutfüllung ihrer (weiteren) Kapillaren hervor; dies ist so selten zu sehen, daß ich von einer Abbildung abgesehen habe.

die Venae centrales als rote Pünktchen erkennen. Löcher entsprechen den Anschnitten der größeren Venen, und zwar erscheinen die unmittelbar an das Leberparenchym grenzenden Sammelvenen (Venae sublobulares) eben dadurch mehr dünnwandig und unmittelbar in der Schnittfläche liegend, während die von reichlicherem Bindegewebe umgebenen Venae interlobulares in diesem Bindegewebsrahmen oft etwas gegenüber der Schnittfläche versenkt erscheinen. Ein kleines Klümpchen wird ausgewaschen und braucht bei der leichten Isolierbarkeit der Leberzellen nur kurz zerzupft zu werden.

Schwache Vergrößerung: Man sieht bereits gut die großen (bis über 30 μ messenden) Leberzellen und viele rote Blutkörperchen. Unzerzupfte Partien sind zu undurchsichtig, um besondere Einzelheiten erkennen zu lassen.

Starke Vergrößerung (Abb. 33): 1. Die Leberzellen (*1*, *2*, *3*, *4*) zeigen polyedrische Formen und sehr verschiedene Größe. Die Oberflächenschichte der Zellen ist etwas stärker lichtbrechend (Ektoplasma). Die Kerne sind kugelig in großen Zellen meist zu zweit (*1*), manchmal auch isoliert (*K*). Das mehr schaumige Protoplasma läßt zweierlei Einschlüsse erkennen: Pigment (*1*, *3*) in Form eckiger, meist gelb bis braun gefärbter Körnchen, das mit der Bereitung des Gallenfarbstoffes in Beziehung steht, und Fetttröpfchen (*2*), die kugelig, stark lichtbrechend und farblos sind. (Fetttröpfchen in der Mehrzahl der Zellen und von beträchtlicher Größe sind nicht mehr als normal zu betrachten. Das physiologisch so wichtige Glykogen ist im frischen Zupfer nicht zu sehen!) Die sehr engen Lumina der Leberzellstränge, die Gallenkapillaren, sind meist nur an Zellgruppen zu sehen (*4*), aber nicht leicht.

(Man muß ein bei wechselnder Einstellung rasch wieder verschwindendes Röhrchen erkennen können, das man nicht mit den als aufleuchtende Linien hervortretenden, in die Tiefe verfolgbaren Zellgrenzen verwechseln darf. Einzelne Zellen zeigen manchmal kleine, bogenförmige Ausnehmungen [*1* und *2*, *G. K.*], die mit einer stärker lichtbrechenden, kutikularen Schichte bedeckt sind und eben dem Anteil der Zelle an einer Gallenkapillarbegrenzung entsprechen. In äußerst seltenen Fällen gelingt es, dieses kutikulare Röhrchen auf kurze Strecken rein zu isolieren.)

2. Die v. Kupfferschen Sternzellen sind das zweite, speziell für die Leber charakteristische Element (*St. Z.*). Es sind modifizierte Endothelzellen der kapillaren Lebervenen, die protoplasmareicher, amöboid beweglich und daher von sehr verschiedener Form (langgestreckt, aber auch drei- und mehr-

strahlig) sein können; ihre Form hängt ja auch davon ab, ob man die Zelle von der Seite oder von der Fläche sieht. In der Mitte der langgestreckten oder sternförmigen Zelle liegt der ovale (oft auch eingedrückte), chromatinarme Kern. Sie besitzen eminent phagozytäre Eigenschaften und enthalten daher meist stark lichtbrechende, gelb bis braun gefärbte Einschlüsse (ähnlich dem Pigment in den Leberzellen) oder auch Vaknolen.

3. Die Sternzellen sind nicht die Endothelzellen der kapillaren Lebervenen schlechtweg, sondern sind in wechselnder Menge neben gewöhnlichen, platten Endothelelementen entwickelt (daher manchesmal auch gar nicht oder auch nur in sehr geringer Menge zu finden!). Die platten Endothelelemente dürften allerdings zusammen mit den Stern-,,Zellen" einen synzytialen Verband bilden, da man keine Zellgrenzen versilbern kann; auch im Zupfer finde ich gelegentlich dünnste, durchsichtige Platten mit mehreren Kernen (*E. Z.*); ferner ist zu bedenken, daß man bei dem überwiegenden Anteil der kapillaren Lebervenen am Lebergewebe, wenn dort wirklich getrennte Zellen vorhanden wären, mehr typische Endothelzellen isolieren müßte, als es tatsächlich der Fall ist.

4. Die Gitterfasern der Leber sind zum großen Teil in Bindegewebsmembranellen eingelagert, und zwar in die Grundhäutchen der kapillaren Lebervenen. Über ihre geringe Sichtbarkeit gilt das im zweiten Kapitel Gesagte. Isolierte Fetzen dieser Membranellen kann man bei sehr aufmerksamer Beobachtung finden (*G. H.*), ihre Seltenheit erklart sich wohl daraus, daß die Leberzellen zwar sehr leicht beim Zupfen herausfallen, daß Bindegewebsgerüst aber viel schwerer zu isolieren, an den unzerzupften Partien aber kaum zu beobachten ist.

5. Gallengänge (*G. G.*) findet man selten; es sind Röhrchen, die aus prismatischen Zellen zusammengesetzt sind, die viel kleiner sind als die Leberzellen; im ubrigen können die Gange untereinander wieder von sehr verschiedener Größe und Weite sein.

13. Magen (Fundus)

Makroskopisches, Präparation: Ein herausgeschnittenes Stück Magenwand zeigt eine Außenfläche, die infolge des Peritonealepithelüberzuges der Serosa glatt und glanzend ist (an der gelegentlich auch ein Stück Netz anhaften kann), während die Innenflache ein samtartiges Aussehen zeigt und je nach der Blutfüllung in verschiedenem Grade gerötet ist. Der Leichenmagen läßt außer verstreichbaren Falten meist keine weiteren Einzelheiten erkennen. Nur sehr selten zeigt er den — an einem frisch herausoperierten Magenstück immer zu beobachtenden — ,,status mammillaris", eine blumenkohlartig höckerige Oberfläche, an der die ,,areae gastricae" durch Kontraktion der glatten

Muskulatur der Propria mucosae hervortreten. (Die Foveolae gastricae, die Magengrübchen, sind makroskopisch überhaupt noch nicht sichtbar!)

Man achte beim Herausschneiden darauf, daß man ein Stückchen von der Schleimhautseite wegschneidet! Nicht durch die ganze Dicke der Wand schneiden, so daß man der Hauptsache nach nur Schleimhaut bekommt! Viel Kochsalzlösung (ja nicht quetschen!) und mäßiges Zerzupfen, da man leicht genügend viel isolierte Elemente erhält.

Schwache Vergrößerung (Abb. 34): Charakteristisch für den Magen sind die an unzerzupften Partien gelegentlich in der Längsansicht sich darbietenden Drüsenschläuche, die öfters auch kurze Verzweigungen zeigen. An einem gut erhaltenen Magen (mit noch erkennbaren Hauptzellen, siehe später) erscheinen diese infolge der stark lichtbrechenden Sekretkörnchen der Hauptzellen ausgesprochen schwärzlich; man kann auch öfters an ihnen die Belegzellen als hellere Flecken wahrnehmen, ebenso auch stark leuchtende Ränder, die auf die Membrana propria zurückzuführen sind.

Starke Vergrößerung (Abb. 35): 1. Belegzellen (*Bel. Z.*) sind polygonale Zellen, die oft die Größe von Leberzellen erreichen, aber auch kleiner (in den Grenzfällen nicht größer als manche Hauptzellen) sein können. Kugelige Kerne, zwei, sogar mehrere in einer Zelle. Die Sekretkörnchen sind kleiner als in den Hauptzellen (doch gibt es Fälle, wo die Granula wie verklumpt aussehen und die Zelle viel gröber granuliert erscheinen lassen). Sehr deutlich treten oft die intrazellulären Sekretkapillaren als körnchenfreie, verwaschene Streifen hervor, die als schwächer lichtbrechende Stellen bei hoher Einstellung (rechts) dunkler, bei tiefer (links) heller erscheinen. Ich habe die Belegzellen an erster Stelle erwähnt, weil sie auch in schlecht erhaltenen Mägen (die bei der sehr leicht eintretenden Selbstverdauung beinahe die Regel sind) immer noch gesehen werden können („delomorphe“ Zellen).

2. Die Hauptzellen — „adelomorphen“ Zellen — dagegen sind häufig vollständig zerfallen[1]). Wenn sie erhalten sind, erkennt man sie an ihren groben, stark lichtbrechenden Sekretkörnchen. Die Form und Größe der Zellen ist sehr verschieden (*H. Z.*), man erkennt aber oft gut die mehr prismatische Normal-

[1]) Ein Magen, der überhaupt einige Stunden post mortem noch Hauptzellen zeigt, zeigt sie meist auch noch 24 Stunden später; es dürfte dies darauf beruhen, daß ein solcher Magen anazid ist, und daher die Selbstverdauung nicht eintritt.

form mit dem an der verbreiterten Basis liegenden kugeligen Kern. Durchschnittlich sind sie kleiner als die Belegzellen. Kugelige Formen beruhen offenbar bereits auf einer Quellung der Zellen. Man findet massenhaft isolierte Granula und Kerne (*K*).[1])

3. Am seltensten findet man die Epithelien der Oberfläche und der Magengrübchen (*O. E.*), die naturgemäß am frühesten der Selbstverdauung unterliegen. Es sind meist schmale und hohe, manchmal aber auch breitere und niedrigere Zylinderzellen, die in seltenen Fällen eine einheitliche Protoplasmastruktur aufweisen (*1, 2, 6, 7, 8*) und dann sogar durch eine Art Kutikularsaum abgeschlossen sein können (*2, 7*), am häufigsten wie leere Becherzellen aussehen (*3, 4*); hie und da erscheinen sie auch mit stärker lichtbrechendem Sekretpfropf (*5*). Es handelt sich ja um Zellen, die fallweise ein schleimartiges Sekret liefern können, das aber mit dem Schleim der Becherzellen und mukösen Zellen nicht ganz identisch ist.

4. Die Membranae propriae oder Basalmembranen der Drüsenschläuche lassen sich an vielen noch zusammenhängenden Schläuchen als aufleuchtende Linie beobachten (*Dr. S.*), in der man ovale Bindegewebskerne (*B. K.*) feststellen kann; gelegentlich kann man solche Hautchen sogar isoliert sehen (*B. M. is.*), wobei dann die Bindegewebskerne auch von der Fläche hervortreten. Die abgeplatteten Bindegewebszellen, welche diesen Membranen anliegen (und als deren Bildungszellen aufzufassen sind), findet man auch oft isoliert (*B. Z.*), ebenso wie im Dünndarm und Dickdarm.

5. Da das Stroma der Magenschleimhaut ein retikuläres Bindegewebe ist, mit eingelagerten freien Rundzellen, das stellenweise (in den Solitärknötchen) sogar als ein lymphoretikuläres Gewebe entwickelt ist, kann man Retikulumzellen (*R. Z.*) und Lymphozyten (*Lz.*), letztere stellenweise in großer Menge, vorfinden. Die Lymphozyten sind (anscheinend periodisch im Zusammenhang mit den Verdauungsvorgängen) oftmals großenteils in Plasmazellen (*Pl. Z.*) umgewandelt. Ebenfalls aus dem Stroma und aus der Muscularis mucosae kann man (abgesehen von der Muscularis propria) glatte Muskelfasern (*M. F.*) isolieren. Im übrigen können oft Kapillaren und speziell aus der Submukosa Gefäße und Nervenstämmchen günstig beobachtet werden. Schließlich sei auch darauf aufmerksam

[1]) Die dritte Zellart der Fundusdrüsen, die „Nebenzellen", konnte ich bisher im Zupfpräparat nicht sicher unterscheiden. Es ist damit zu rechnen, daß diese Zellen ebenfalls grob granuliert, jedoch mit verschmalerter Basis, erscheinen, oder auch leer aussehen können.

gemacht, daß man alle möglichen geformten Bestandteile (quergestreifte Muskelfasern, Pflanzenzellen) finden kann, die dem Mageninhalt entstammen.

Die in Punkt 4 und 5 beschriebenen Dinge finden sich in gleicher Weise auch im Dünndarm und Dickdarm, weshalb dort nur auf das hier Gesagte verwiesen werden wird.

14. Dünndarm

Makroskopisches, Präparation: Der Dünndarm könnte höchstens mit dem Dickdarm verwechselt werden; man achte also auf das Fehlen der für diesen charakteristischen Tänien, Haustra und Appendices epiploicae. Die Außenfläche wird von der durch Peritonealepithel geglätteten Serosa überzogen und läßt durch feine Querfältchen der Serosa (die bei Streckung des Darmstückes verschwinden) eine Längsstreifung durchschimmern, die auf der Bündelanordnung der äußeren Längsschicht der Muskularis beruht. Man findet dem Rohre anhaftend das (meist durch gelbe Fetteinlagerung auffallende) Mesenterium oder zum mindesten seine Ansatzlinie, an der es abgeschnitten wurde. Die Innenfläche, die man nötigenfalls durch einen längs geführten Scherenschnitt ein Stück weit freilegen muß, zeigt (wenn es sich um Jejunum handelt) unverstreichbare quere (Kerkringsche) Falten und ist oft mit dem in diesem Darmabschnitte als Chymus (nicht Chylus!) bezeichneten Speisebrei bedeckt. (Ein leerer Darm ist meist besser erhalten!) Man streift den Chymus zart (!) mit der Schere beiseite und schneidet (wozu sich eben nur eine flächenhaft gekrümmte Schere eignet!) ein höchstens 5 mm messendes Stückchen heraus, wobei wieder nicht die ganze Wanddicke durchschnitten werden soll. Viel Kochsalzlösung! Man kann Chymusflocken aus dem Zupfer entfernen; ein Übertragen in einen zweiten Kochsalztropfen empfiehlt sich meist nicht, da die ungemein leicht isolierbaren Epithelien sonst häufig fast zur Gänze im ersten Kochsalztropfen zurückbleiben. Auch hier nur mäßig zerzupfen!

Schwache Vergrößerung (Abb. 36): Man sieht in erster Linie die Zotten, die nur äußerst selten noch einen anhaftenden Epithelüberzug aufweisen (*1*), meist aber nur aus dem nackten Stroma bestehen, in welchem oft schön die blutgefüllten Gefäße hervortreten (*2*): ein größeres längsverlaufendes Gefäß kann immer nur die Vene sein (weil die Arterie sich schon an der Basis in Kapillaren auflöst); außerdem sieht man in wechselndem Ausmaß die oberflächlich verlaufenden Kapillaren. Oft erscheinen die Zotten auch von schwärzlichen Flecken durchsetzt (*3*); diese entsprechen Zellen des Stromas, die sich dicht mit Fetttröpfchen gefüllt haben, welche bei der Resorption des Darminhaltes von den Epithelzellen aufgenommen und weitergeleitet wurden. Die Zotten können je nach ihrem Kontraktionszustande lang und schmal oder kurz und dick sein. Man findet auch größere, oft noch gewölbte Epithelfetzen von den Zotten (*4*), an welchen bereits als kreisförmige Löcher die Becherzellen zu sehen sind. Aus gut erhaltenen Darmstücken (also durchaus nicht immer!) lassen sich auch Krypten (*5*) isolieren, die durch ihre geringere Breite und Länge, ihr durchschimmerndes Lumen und ihre epitheliale Zusammensetzung von den nackten Zotten zu unterscheiden sind; oft sieht man ihr blindes Ende durch die stark lichtbrechenden Sekretgranula der Panethschen Körnerzellen schwärzlich gefärbt. (Man kann an flachliegenden Schleimhautpartien auch gelegentlich optische Querschnittsbilder dieser Krypten sehen, wegen der vorragenden Zotten aber fast nie so deutlich wie beim Dickdarm.)

Starke Vergrößerung (Abb. 37): 1. Zylinderzellen von den Oberflächen (*1*) zeigen einen dicken Kutikularsaum, an welchem wieder eine (den Basalknötchen der Flimmerhaare vergleichbare) stärker lichtbrechende Knötchenreihe und die von feinen Streifen (Poren) durchsetzte dickere Außenschichte zu unterscheiden ist. (Man kann sogar gelegentlich im distalen Teil der Zelle den verschlungenen Knäuel des „Binnengerüstes“ — *1*, links — wahrnehmen.) Zellen, die wie ein Pulverhorn gekrümmt sind (*3*), erklären sich daraus, daß bei der in den Krypten ständig vor sich gehenden Zellvermehrung ein Weiterschieben der Zellen gegen die Oberfläche eintritt, wobei der distale Teil der Zelle der an der Membrana propria haftenden Basis vorauseilt, die Zelle somit gekrümmt wird. (An Epithelfetzen in der Flächenansicht kann man außer den kreisförmigen Öffnungen [Stomata] der Becherzellen auch ganz gut unterscheiden, ob das Stück dem Beobachter seine äußere [obere] oder seine basale [untere] Fläche zukehrt: Im ersteren Falle erscheinen bei hoher Einstellung die Zylinderzellgrenzen als relativ größere Polygone ohne Kerne, im letzteren Falle aber als kleinere Polygone zugleich mit den Kernen.)

2. Zylinderzellen aus den Krypten (*2*) besitzen einen immer niedriger werdenden, also meist nur unscheinbaren Kutikularsaum und sind im allgemeinen an der Basis breiter als im distalen Teil.

3. Becherzellen (*4*) sind meist nicht so leicht zu finden, als man es ihrer Zahl nach erwarten müßte; dies beruht darauf,

daß sie in gewissen Funktionsstadien, in welchen der Schleimpfropf nicht charakteristisch entwickelt ist, sich wenig von den Zylinderzellen unterscheiden, und auch darauf, daß die leeren Becherzellen offenbar leicht zerfallen. Ich habe deshalb alle möglichen vorkommenden Bilder (mit noch erhaltenen Sekretkörnchen, mit stärker lichtbrechenden Schleimresten, mit leerem Becher, an welchem „Theka“ und „Stoma“ deutlich hervortreten) abgebildet, wobei man auch auf die ganz verschiedene Größe und Form des protoplasmatischen Fußes und den bald kugeligen, bald eingedrückten, oft überhaupt kaum sichtbaren Kern achten möge.

4. Panethsche Körnerzellen (*5*), die besonders an der Basis der Krypten gehäuft sind, erkennt man an ihrer kegelförmigen Form und den groben, stark lichtbrechenden Sekretkörnchen. (Ihre Unterscheidung von Becherzellen im Stadium reichlicher Sekretkörnchenladung kann mitunter unsicher sein.)

5. Im übrigen sei auf die beim Magen in Punkt 4 und 5 beschriebenen Gebilde verwiesen.

15. Dickdarm

Makroskopisches, Präparation: Den Dickdarm kann man vom Dünndarm zunächst durch die auf Längsbänder (Tänien) reduzierte Längsmuskulatur, die in den Feldern zwischen den Tänien hervortretenden „Haustra“ und die klöppelförmigen Fettanhänge, die „appendices epiploicae“, unterscheiden. An der Außenfläche sieht man auch hier an einer Stelle das Mesenterium bzw. seine Ansatzlinie. Die Innenfläche ist, wenn das Darmstück nicht gerade leer ist, mit Kot (Faeces) bedeckt. Über die Anfertigung des Zupfers vgl. das beim Dünndarm Gesagte.

Schwache Vergrößerung (Abb. 38): Charakteristisch für den Dickdarm sind das Fehlen von Zotten und die Flächenbilder der Schleimhaut (*1*), an welchen die Krypten im optischen Querschnitt hervortreten, manchmal auch nur die Löcher im Stroma (*1, l*) an Stelle herausgefallener Krypten; auch das die Krypten umspinnende Kapillarnetz kann man bei Blutfüllung beobachten. Solche Stellen zeigen auch oft Schrägansichten der Krypten (*1* unten), die man schließlich meist auch isoliert (*2, 3*) findet. Dabei fällt einem ihre fast doppelt so große Länge im Vergleich zum Dünndarm auf. Manchmal können sie mit einer ganz glatten, stärker lichtbrechenden Außenschichte, nämlich der mitisolierten Membrana propria (*2*), zur Beobachtung kommen, meist aber ohne diese und oft schon in ihre Zellen zerfallend (*3*).

Starke Vergrößerung (Abb. 40): 1. Zylinderzellen von den Oberflächen (*1*, *2*) oder vom obersten Teil der Krypten (*3*, *6*) sind auch hier durch den dicken Kutikularsaum ausgezeichnet. Man findet durchschnittlich breitere Zellen als im Dünndarm.

2. Zylinderzellen aus den tieferen Partien der Krypten (*4*, *5*) sind hier viel zahlreicher und sind auch hier durch den ganz schmalen Kutikularsaum und dadurch kenntlich, daß die Basis breiter ist als ihre Oberfläche.

3. Für die Becherzellen (*7* bis *12*) gilt das beim Dünndarm Gesagte.

4. Über die sonstigen Einzelheiten vgl. Punkt 4 und 5 beim Magen.

16. Lunge

Makroskopisches, Präparation: Die Lunge zeigt an Schnittflächen eine blutrote oder rötliche, an den natürlichen Oberflächen beim Großstädter infolge der Kohlenstaubablagerungen eine schiefergraue, sonst rosarote Farbe und eine elastische Konsistenz (sie dehnt sich beim Zusammendrücken wieder aus, ähnlich einem Luftkissen). An den vom Epithel der Pleura pulmonalis geglätteten Oberflächen tritt die Läppchenzeichnung (durch die im interlobulären Bindegewebe abgelagerte Rußkohle verstärkt) hervor. Auch die Alveolen (deren Durchmesser je nach Exspiration oder Inspiration zwischen $^1/_{10}$ bis $^1/_3$ mm schwankt) schimmern durch diese natürlichen Oberflachen als schaumige Bläschenstruktur durch, die schon für das freie Auge, leicht bei Lupenvergrößerung, sichtbar ist. Klaffende Anschnitte von Röhrchen an den Schnittflächen entsprechen Bronchien, weichere Röhrchen aber Gefäßen. Ein von einer Schnittfläche herausgeschnittenes Klümpchen wird sorgfältig ausgewaschen (!) und nur so lange zerzupft, daß keine starke Trübung durch die roten Blutkörperchen entsteht.

Schwache Vergrößerung (Abb. 39): Zusammenhängende Partien zeigen vor allem bogenförmige, starke elastische Fasern, die zum Teil noch als geschlossene Ringe die Alveoleneingänge bezeichnen. Man kann nun an solchen Stellen auch gelegentlich die halbkugeligen Alveolenwände noch unversehrt vor sich sehen (rechts oben) und in ihnen bei Blutfüllung das respiratorische Kapillarnetz. (Unter den isolierten Elementen fallen einem neben den vorherrschenden roten Blutkörperchen bereits durch ihre Größe und Färbung die „Staubzellen" auf, ferner die große Menge von Luftbläschen.)

Starke Vergrößerung (Abb. 41): 1. Das Auffallendste sind die Staubzellen (*2*), polygonale, oft platte Zellen mit rundem, bläschenförmigem Kern und Einschlüssen; am häufigsten enthalten sie tiefschwarze Rußkörnchen, oft aber auch braunes (wohl meist hämotogenes, d. h. auf verdaute rote Blutkörperchen zurückgehendes) Pigment oder ungefärbte, stärker lichtbrechende Körner. Genetisch sind sie entweder als durch Phagozytose stark vergrößerte Zellen des respiratorischen Epithels aufzufassen, oder auch als Phagozyten bindegewebiger Herkunft — am wahrscheinlichsten Kapillarendothelien —, die im Bindegewebe eingelagert waren, aber auch in die Alveolen auswandern können und so mit dem Sputum nach außen gelangen.

2. Die kernhaltigen Zellen des respiratorischen Epithels (*1*) sind flimmerlose polygonale Zellen, deren Höhe und Breite naturgemäß vom Dehnungszustand des Epithels abhängen muß, so daß die Größe und Form, in der sie sich isoliert darbieten, verschieden sein kann. Ihre Größe entspricht durchschnittlich der polymorphkerniger Leukozyten (*5*), von welchen sie sich aber leicht durch den runden, bläschenförmigen Kern und ihre bei aller Mannigfaltigkeit nichtkugelige Form unterscheiden. Fast immer enthalten sie auch farblose, nicht sehr stark lichtbrechende Körnchen.

3. Die kernlos gewordenen, größeren Platten des respiratorischen Epithels sind so dünn und durchsichtig, daß sie im Zupfer nicht mit Sicherheit festzustellen sind.

4. Flimmerzellen (*3*), welche die nichtrespiratorischen Abschnitte der Lunge auskleiden, kommen naturgemäß in allen Größen vor. Ihre Menge hängt von Zufällen ab, ob man gerade mehrere und auch stärkere Bronchien mit herausgeschnitten hat. Die größeren entstammen einem schon mehrstufigen (mehrreihigen) Epithel, zeigen daher einen durch die basalen Zellen eingedrückten Stiel. (Man kann dann auch hohe Zellen finden ohne Wimperschopf (*4*), die also die Oberfläche noch nicht erreicht haben, ebenso auch Becherzellen.) Sehr deutlich treten die Basalknötchen (Blepharosomen) der Flimmerhaare hervor.

5. Grundhäutchen der Alveolen, von Gitterfasern (und elastischen Fasern) durchsetzte Häutchen, auf welchen das respiratorische Epithel aufsitzt, kann man samt anhaftenden, nur durch ihre Kerne hervortretenden Bindegewebszellen (*7*) recht häufig isoliert finden, ebenso auch diese platten Bindegewebszellen, die man als Bildungszellen der Grundhäutchen betrachten muß, allein (*6*).

6. Zahlreich findet man auch Endothelzellen (*9*) und oft auch glatte Muskelfasern (*8*), die ja noch in den Wänden der Bronchuli respiratorii vorkommen.

17. Niere

Makroskopisches, Präparation: Die natürlichen Oberflächen der Niere tragen für gewöhnlich keinen gröber bemerkbaren Bindegewebsüberzug, da die Niere bei der pathologischen Sektion aus ihrer derben Kapsel, mit der sie normalerweise nur durch zartestes, mit der Pinzette in Spuren abhebbares Bindegewebe verwachsen ist, herausgeschält wird. Die Schnittflächen lassen mehr oder minder deutlich die streifige Marksubstanz von der Rinde unterscheiden, in die ebenfalls streifige, nach außen schmäler werdende Partien, die Markstrahlen (Processus Ferreini), hineinziehen. Die Farbe ist wechselnd, je nach der Blutfüllung, und es erscheint bald die Rinde, bald die Marksubstanz dunkler[1]). Günstigenfalls kann man dann auch weiter in die Tiefe ziehende Rindenpartien, die Columnae Bertini, unterscheiden. Die von zwei Columnae Bertini begrenzten Markpartien laufen immer zu einer Pyramide zusammen; die die Pyramiden umfassenden Calices sind an der Schnittfläche meist nur als schmale Spalten zu sehen; ein großer Teil des Nierenbeckens wird von Fettgewebe erfüllt. Man schneidet am besten entweder aus der Rinde (und zwar nicht ganz oberflächlich, sondern schon näher der Markgrenze, wo die „Markstrahlen" bereits breiter sind) oder aus der Marksubstanz ein Stückchen heraus. (Es ist nämlich bei der großen Kompliziertheit der Niere vorteilhaft, wenn man diese beiden Schichten mit ihren verschiedenen Kanälchentypen getrennt untersucht; ich werde dies auch in der Beschreibung berücksichtigen.) Das Stückchen wird gründlich (je nach dem Blutreichtum) ausgewaschen und gut zerzupft.

Schwache Vergrößerung (Abb. 42): In Rindenpartien sind das Auffallendste die Tubuli contorti (erster Ordnung), über 50 μ dicke, infolge ihrer Granula bräunlich und trüb erscheinende Kanälchen, die ineinander verschlungen sind (*1* links), an welchen oft kein Lumen sichtbar ist. Ferner die Glomeruli (Malpighi), die schon durch ihre Größe (100 bis 200 μ) und namentlich bei Blutfüllung sofort durch ihre rote Farbe hervortreten; sie sind entweder glattrandig begrenzt, kreisrund oder oval (Längs-

[1]) Ich habe seit langem die Erfahrung gemacht, daß blutarme, auffallend blasse Nieren weitaus am besten histologisch erhalten sind, sehr blutreiche fast immer schlecht.

ansicht), wenn sie nämlich noch in ihrer (Bowmanschen) Kapsel stecken (*1*); oder die Kapsel ist abgestreift und liegt manchmal als durchsichtiges Häutchen mit Falten neben dem Glomerulus (*2*). (Die Kapsel besteht außer einer Membrana propria auch noch aus platten Zellen, die aber nicht sichtbar sind.) Ein solcher nackter Glomerulus zerfällt dann durch tiefere Spalten in seine (meist vier) Läppchen, an welchen jetzt die aufgeknäuelten (präkapillaren) Gefäßschlingen deutlich sichtbar sind. Außerdem kann man auch unzerzupfte Partien erkennen, die aus gestreckten Kanälchen bestehen und dann einem Markstrahl entsprechen. In einem nur der Marksubstanz entnommenen Präparat sieht man ausschließlich gestreckte Kanälchen.

Anmerkung: Man kann bereits bei schwacher Vergrößerung die meisten Kanälchentypen voneinander unterscheiden; ich beschränke mich aber auf die Beschreibung und Abbildung bei starker Vergrößerung. Man sieht auch schon sehr gut die leeren Schläuche isolierter „membranae propriae". Hier sei auch vorausgeschickt, daß die Unterscheidungsmöglichkeit sämtlicher Kanälchentypen einen Idealfall darstellt, der nicht allzuoft realisiert ist, weil die Niere besonders häufig pathologisch verändert ist, und zwar meistens durch Fetttröpfcheneinlagerung in die Epithelien, wodurch alle Kanalchen gleichmäßig trüb und undurchsichtig erscheinen. Oft sind dann nur die „dünnen Schenkel" gesondert sicher zu erkennen, zum mindesten aber die „Sammelrohre" von „hellen dicken Schenkeln" nicht mehr zu unterscheiden. Oft zerfällt eine Niere auch so stark, daß man überhaupt keine Kanälchen als Ganzes, sondern nur Zellen isoliert.

Starke Vergrößerung (Abb. 43). **A. Kanälchentypen der Rinde:** 1. Tubuli contorti (erster Ordnung) — *T. c.* — lassen bei günstigem Material ein zickzackförmiges Lumen erkennen, das durch die hügelig vorgewölbten Zellen bedingt ist; diese zeigen infolge ihrer kompliziert gestalteten Seitenflächen (siehe die isolierten Zellen bei *Tc. Z.*) keine Zellgrenzen, sind dicht mit Körnchen gefüllt (besonders grobe, stark lichtbrechende Körnchen sind Fetttröpfchen, also nicht mehr normal!) und besitzen kugelige Kerne, die infolge der Größe der Zellen in weiten Abständen liegen. Günstigenfalls sieht man basal eine streifige Struktur und an den freien Innenflächen eine stärker lichtbrechende, feinstreifige Kutikularbildung, den Tornierschen Bürstenbesatz. Da es ganz gleich gebaute, gestreckte Kanälchen gibt (die sogenannte Pars recta tubuli contorti in den Markstrahlen), ist es wichtig, die gewundenen Kanälchen von gestreckten zu unterscheiden, was an ganz kleinen Bruchstücken überhaupt nicht möglich ist. Bei größeren Stücken sieht man aber deutlich den gestreckten Verlauf oder anderseits das Umbiegen, den Abschluß des Lumens, nicht nur durch die Längsseiten, sondern auch an einer oder an beiden Schmalseiten des Stückes. Tubuli contorti können nun, ebenso wie die Pars recta, gelegentlich auch gar kein Lumen erkennen lassen *(P. r. 3)*, oft aber auch ein ziemlich weites *(P. r. 2)*; aber auch in diesem Falle sind sie durch die granulierten Zellen, die weit auseinanderliegenden Kerne (eventuell durch den Bürstenbesatz und die basale Streifung) hinlänglich charakterisiert.

2. Schaltstücke (*S. S.*) oder Tubuli contorti zweiter Ordnung müssen die früher geschilderten Charaktere eines gewundenen (nicht gestreckten) Kanälchens zeigen, besitzen aber ein viel niedrigeres Epithel als die Tubuli contorti, aus kleineren Zellen bestehend (daher näher beieinander liegende Kerne); die Zellen sind granuliert (aber weniger dicht). Sie sind selten gut zu unterscheiden (meiste Ähnlichkeit mit dem hellen Teil des dicken Schenkels).

3. Die Pars recta tubuli contorti (*P. r.*), die unmittelbare Fortsetzung des Tubulus contortus im Markstrahl, die dort den absteigenden (pelvipetalen) Teil vertritt, hat genau dieselbe Epithelbeschaffenheit wie der Tubulus contortus, aber einen gestreckten Verlauf. Die meiste Ähnlichkeit besteht (im Hinblick auf andere gestreckte Kanälchen) mit dem trüben Teil des dicken Schenkels, von dem sie sich aber vor allem schon durch ihre größere Dicke unterscheidet.

4. Der helle Teil des dicken Schenkels (*h. S.*) stellt das aufsteigende (kapsulopetale) Kanälchenelement im Markstrahl dar und besitzt ein mehr geradlinig begrenztes, weiteres Lumen, hellere Zellen, die oft recht niedrig sein können, aber nie so nieder wie im dünnen Schenkel. Die Zellen sind kleiner als die der Pars recta, so daß die Kerne viel näher beieinander liegen, ihre Grenzen sind nicht ganz unsichtbar, aber bei weitem nicht so deutlich wie im Sammelrohr.

5. Das Sammelrohr (*S. R.*), das übrigens je nach seiner Lage von verschiedenen Dimensionen sein kann, besitzt ebenfalls ein deutliches, geradlinig begrenztes Lumen und Zellen, die normalerweise noch durchsichtiger sind als die des hellen Schenkels; es sind ausgesprochen schön prismatische Zellen, mit deutlichem Schlußleistennetz, das im optischen Längsschnitt einer Wand in Form von Pünktchen hervortritt. Die Einstellung auf eine Fläche des Rohres ergibt ein zierliches Zellmosaik. (Die Zellen

zeigen eine Art Kutikularsaum, einzelne sind oft mit stark lichtbrechenden Tröpfchen dicht erfüllt.)

B. Kanälchentypen der Marksubstanz: 1. Der dünne Schenkel (*dü. S. 2*), der an die Pars recta anschließt, ist sehr leicht zu erkennen durch seine ungemein niedrigen Zellen, die im Bereiche des ovalen Kernes gegen das Lumen vorgewölbt sind. Oft enthalten sie stark lichtbrechende, eckige, grünliche oder gelbe Körnchen, „Kristalloide" (*dü. S. 1*).

2. Der daran (schon vor oder erst nach der Umbiegung der „Henleschen Schleife") anschließende trübe Teil des dicken Schenkels (*tr. S.*) ist wieder stark granuliert, wie Tubulus contortus und Pars recta, kann wie diese öfters auch kein Lumen erkennen lassen oder nur ein sehr enges, ist aber als Ganzes weniger voluminös; auch sind seine Zellen nicht so ausgesprochen hügelig vorgewölbt und kleiner, die Kerne daher näher beieinander.

3. Die natürlich auch hier anzutreffenden Sammelrohre wurden oben bereits ausführlich beschrieben.

Bemerkung: Um sich in dieser Fülle von Kanälchentypen zurechtzufinden, gehe man bei Beurteilung eines Kanälchens nach der Art eines Bestimmungsbuches vor: 1. Entscheidung: Gewundenes oder gestrecktes Kanälchen? (Im ersteren Falle bleiben dann nur zwei Möglichkeiten.) 2. Von gestreckten Kanälchen ist der dünne Schenkel am leichtesten zu erkennen und nicht zu verwechseln. Hat man keinen dünnen Schenkel vor sich, so entscheide man, 3. ob helle Zellen und deutliches, mehr geradliniges Lumen (heller Schenkel oder Sammelrohr); trifft dies nicht zu, so bleibt bei trüben, granulierten Zellen als 4. die Entscheidung zwischen Pars recta oder trüber Schenkel.

C. Sonstiges: 1. Die Membranae propriae der Harnkanälchen (die im Gegensatz zu den mit demselben Namen bezeichneten Basalmembranen an Speicheldrüsen und anderen Epithelien kein faseriges Bindegewebshäutchen, sondern eine homogene, ziemlich dicke Ausscheidung des Epithels darstellen) findet man namentlich an den Rändern zusammenhängender Partien gestreckter Kanälchen häufig isoliert. Oft enthält noch ein Teil des durchsichtigen Schlauches Epithelzellen *(P. r. 3)*. Man verwechsle die beiden aufleuchtenden Linien, die als Begrenzung des Schlauches im optischen Längsschnitt hervortreten, und seine Falten nicht mit Fasern (vgl. S. 8). Diese Membranae propriae lassen oft auch im ungefärbten Zustande sehr feine Querstreifen beobachten, zarte Reifen, die ihrer Innenfläche aufgelagert sind *(P. r. 3)*.

2. Im übrigen kann man alle möglichen anderen Gewebselemente vorfinden; vor allem Kapillaren, Arterien, kleine Venen (besonders die leicht isolierbaren Venulae rectae), massenhaft Endothelzellen. Aus dem mehr retikulär gebauten, reichlicheren Füllgewebe der tieferen Markpartien isolieren sich auch verzweigte Bindegewebszellen; nicht selten sind auch marklose Nervenstämmchen.

18. Hoden

Makroskopisches, Präparation: Ein Hoden samt dem angelagerten Nebenhoden ist meist noch umhüllt von dem häutigen Sack der Tunica vaginalis communis (den man unter Umständen erst aufschneiden muß). Die derbe (fibröse) Tunica albuginea testis ist geglättet von Peritonealepithel (Tunica vaginalis propria). Aus der Furche unter dem (dem oberen Hodenpol aufgelagerten) Kopf des Nebenhodens ragt ein gestieltes Bläschen hervor, die Appendix testis (während die dem Kopf des Nebenhodens selbst anhaftende Appendix epididymidis nicht konstant ist). Man durchschneidet die Tunica albuginea an der dem Nebenhoden gegenüberliegenden Oberfläche des Hodens und stoßt hierauf auf das bräunlich gefärbte „Hodenparenchym", d. h. auf die aufgeknäuelten Tubuli seminiferi. Da die Tubuli seminiferi nur durch sehr zartes Bindegewebe verbunden sind, kann man sie mit der Pinzette als bis 0,2 mm dicke Fädchen ein Stück weit herausziehen. Ein Klümpchen dieses Hodenparenchyms wird herausgeschnitten und in reichlicher (!) Kochsalzlösung gut zerzupft, um durch Zerreißung der Mehrzahl der Kanälchen recht viele Zellen aus ihrem Inhalte zu isolieren.

Schwache Vergrößerung (Abb. 44): Die Tubuli seminiferi erscheinen schwärzlich gefleckt; dies beruht auf den Lipoideinschlüssen der Sertolischen Zellen. Ihr Rand ist heller, durchsichtiger, läßt gelegentlich eine lamelläre Schichtung erkennen: Wir haben hier die aus mehreren Bindegewebslamellen bestehende sogenannte Membrana propria vor uns. Den Kanälchen außen anhaftend erkennt man oft Kapillaren und andere Gefaße; vorwiegend diesen ansitzend, oft in größeren Haufen, bemerkt man braun gefärbte Klumpen: die Leydigschen („interstitiellen") Zellen.

Starke Vergrößerung (Abb. 45): 1. Die Leydigschen Zellen (*L. Z.*) findet man am leichtesten in situ in Gruppen an den Gefäßen außerhalb der Tubuli. An diesen Gruppen lassen sich die Einzelzellen meist nicht unterscheiden, sie sind aber hinlänglich charakterisiert durch die braunen Einschlüsse (Lipochrom) und die kugeligen, bläschenförmigen Kerne. Die gelegentlich auch einzeln isolierten Zellen zeigen eine ovoide Form.

2. Platte Bindegewebszellen (*B. Z.*) aus der Membrana propria, die den mehrfachen Lamellen dieser Bindegewebsschichte angelagert und als deren Bildungszellen aufzufassen sind, finden sich sehr oft isoliert. Schon in der Profilansicht sind sie von Endothelzellen durch die stärkere Lichtbrechung (vgl. S. 17) zu unterscheiden (*B. Z.* links), leicht aber in der Flächenansicht (*B. Z.* rechts), wo sie als viel breitere, öfters zwei- oder mehrkernige, hauchdünne Platten hervortreten. Sie enthalten oft stark lichtbrechende Einschlüsse, wahrscheinlich lipoider Natur.

3. Die Sertolischen Zellen (*S. Z.*) sind (im Gegensatz zu den Leydigschen Zellen) länglich, enthalten ungefärbte, oft sehr grobe Lipoideinschlüsse und einen ovalen, bläschenförmigen Kern. Günstig gelagerte und isolierte Zellen zeigen basal eine stärker lichtbrechende Fußplatte, oberhalb derselben oft einen durch die umgebenden Samenbildungszellen stielartig eingedrückten Abschnitt und ein streifiges, oft ausgefasertes distales Ende. Sertolische Zellen mit anhaftenden Spermien — man erkennt deren stark lichtbrechende Köpfchen und die aus der freien Oberfläche herausragenden Schwänze — nennt man Spermatoblasten (besser Spermatodesmen) (*S. D.*).

4. Größere Epithelfetzen, aus platten Zellen mit ovalen Kernen bestehend, die oft auch Fetttröpfchen enthalten, entstammen dem Peritonealepithelüberzug *(P. E.)* der Tunica albuginea und gelangen bei deren Durchschneidung nicht selten ins Hodenparenchym[1]).

5. Spermatogonien (*Spg.*) sind die der Membrana propria ansitzenden, basalen Zellen (deren Teilungen noch gewöhnliche Mitosen und keine „Reifungsteilungen" sind). Man kann sie im Zupfpräparate nicht immer sicher unterscheiden, höchstens

[1]) Die bisher aufgezählten Elemente kann man auch in einem nicht voll funktionierenden, durch Alter oder Krankheit geschädigten Hoden finden. Ein solcher verrät sich schon bei schwacher Vergrößerung durch abnorme Breite der Membranae propriae, besonderen Lipoidreichtum der Sertolischen Zellen (wodurch eine sehr intensive schwarze Fleckung entsteht) und durch auffallenden Reichtum an Leydigschen Zellen. Die im folgenden aufgezählten Stadien der Spermiogenese sieht man an einem derartig geschädigten Hoden entweder überhaupt nicht oder nur sehr vereinzelt. Man überzeuge sich daher vor dem oft zwecklosen Aufsuchen dieser Stadien zunächst auch davon, ob Spermien überhaupt, und zwar in größerer Menge, vorkommen!

dann, wenn sie (die durch ihre Lage bedingte) einseitige Abplattung zeigen. Ihr ovaler Kern kann ohne die für die Spermatozyten (siehe Punkte 6 und 7) charakteristische Chromosomenstruktur erscheinen, kann sie aber ebenfalls aufweisen, so daß dann ihre Unterscheidung von den ungefähr gleich großen Spermatozyten zweiter Ordnung kaum möglich ist.

6. Spermatozyten erster Ordnung (*Sp. I.*) sind — im voll herangewachsenen Zustande! — durch ihre überragende Größe die einzige der in Punkt 5, 6 und 7 besprochenen Zellarten, die man im Zupfer sicher erkennen kann: kugelige oder elliptische Form, kugeliger, durch eine Membran abgegrenzter großer Kern mit aufleuchtenden Chromosomenschleifen.

7. Spermatozyten zweiter Ordnung (*Sp. II*) sind kugelige Zellen von geringerer Größe als die Spermatozyten erster Ordnung. (Sie bilden sich aus diesen durch die erste Reifungsteilung und teilen sich sofort wieder — zweite Reifungsteilung —, ehe noch der Kern ganz zur Ruhe gekommen ist und eine Kernmembran ausgebildet hat.) Zellen wie die unter *Spz. II.* abgebildete, mit auffallender Chromosomenstruktur, ohne Kernmembran, können Spermatozyten zweiter Ordnung sein, aber auch Spermatogonien in einer prä- oder postmitotischen Phase.

8. Die Spermatiden (*Spt.*) gehen aus den Spermatozyten zweiter Ordnung durch die zweite Reifungsteilung hervor und erfahren eine fortschreitende Umbildung ihrer Form und Größe, bis sie zu Spermien geworden sind. Sie sind, auch in ihren Anfangsstadien, kleiner als die in Punkt 5, 6 und 7 aufgezählten Zellarten, ihr kugeliger Kern zeigt keine Chromosomenfäden, vielmehr eine gleichmäßig homogene Beschaffenheit und wird immer stärker lichtbrechend (pyknotisch); er liegt exzentrisch in der Zelle, die allmählich eine ovoide Form annimmt. Schließlich findet man dann schon sehr klein gewordene derartige ovoide Zellen, aus denen bereits eine Geißel, die Anlage des Spermienschwanzes, hervorragt (*Spt.* rechts).

9. Auf Spermien (*Sp.*) wird man am leichtesten durch ihre stark lichtbrechenden, im längeren Durchmesser zirka 5 μ messenden Köpfchen aufmerksam (die den Kern enthalten). Man findet scheibenförmig breitere Köpfe, deren basaler Teil stärker lichtbrechend ist (*Sp. 2*), Spermien, die ihr Köpfchen in der Flächenansicht zeigen, während es in der Profilansicht (*Sp. 1, 3*) birnförmig aussieht, mit einer breiteren Basis, woraus sich auch die stärkere Lichtbrechung dieses Abschnittes in der Flächenansicht erklart. Man kann dann bei der hier verwendeten

Vergrößerung gerade noch einen anschließenden Abschnitt, das Verbindungsstück, unterscheiden, das etwas breiter ist als der nun folgende Schwanz. Dieser ist zirka 50 μ lang und kann gerade gestreckt, gebogen, oft ösenartig verschlungen sein. (Auch die einem lebensfrischen Hoden entnommenen Spermien sind bewegungslos!) Unfertige Spermien (*Sp. 4*) zeigen noch im Anschluß an den Kopf einen mehr minder großen Protoplasmarest vom Zellkörper der Spermatide (Schwanzmanschette).

19. Plazenta

Makroskopisches, Präparation: Die ganze Plazenta hat die Gestalt eines scheibenförmigen Kuchens von bis zu 30 cm Durchmesser. An einem herausgeschnittenen Stück, das auch einen Teil des Randes enthält, kann man diesen als schmalsten, bogenförmig gestalteten Teil erkennen, an welchem auch meist noch ein Stück der Eihäute hängt, in die er ja unmittelbar übergeht. Die dem Cavum uteri zugekehrte, innere Oberfläche ist von weißlicher Farbe, durch das Amnionepithel geglättet und stark gerunzelt. Die Ablösungsfläche, die aus Gewebe uteriner Herkunft besteht, d. h. ein mitabgelöster Teil der Uterusschleimhaut ist, zeigt blutigrote Farbe, eine rauhe Oberfläche und zerfällt durch tiefer einschneidende Furchen in die „Kotyledonen", Felder von mehreren Zentimetern im Durchmesser; diese Furchen entstehen aber erst künstlich durch Abflachung der in situ konvexen Außenfläche. Die Schnittflächen sind von intensiv blutroter Farbe und zeigen ein lockeres, schwammiges Gefüge. (Auch hier kann man, ähnlich wie an den Schnittflächen der Milz, die Beobachtung machen, daß diese außerordentlich blutreichen Schnittflächen dort, wo sie der Luft ausgesetzt sind, arteriell-hellrot, sonst aber schwarzrot erscheinen.) Ausgedehntere hyalin degenerierte Stellen — „weiße Infarkte" — treten durch ihre weißliche Farbe hervor. Man schneidet ein Klümpchen aus einer Schnittfläche heraus, wäscht dieses gut (!) aus und braucht im übrigen nicht stark zerzupfen, da man das Wesentliche — ausgebreitete Zottenabschnitte — leicht in genügender Menge findet. Will man auch sogenannte Deziduazellen sehen, so muß man außerdem ein kleines Stückchen von der Ablösungsfläche herausschneiden und zerzupfen.

Schwache Vergrößerung (Abb. 46): Man sieht in äußerst anschaulicher Weise (viel besser als an einem Schnitt) die Zottenstämmchen mit ihren Verzweigungen, in welchen die prall gefüllten Kapillaren und größeren Gefäße durch ihre rote Farbe ausgezeichnet hervortreten. An der Oberfläche der Zotten läßt sich bereits ein mehr oder minder breiter Saum mit Kernen erkennen, das (synzytiale) Zottenepithel; auch findet man Stellen, vorwiegend an stärkeren Stämmchen, wo dieses mehr durchsichtige Epithel durch eine höckerige, stark lichtbrechende, undurchsichtige Schichte ersetzt ist; sogenanntes Fibrinoid (*F*).

Starke Vergrößerung (Abb. 47). 1. Das Synzytium (*1*, *2*), welches die Zotten überzieht, zeigt ein feinkörniges Zytoplasma und ziemlich große, ovale, bläschenförmige Kerne. Die Dicke des Synzytiums an verschiedenen Zotten ist eine sehr wechselnde. Oft wird durch das Zerzupfen das Zottenstroma mit den Kapillaren aus seinem Epithelüberzug herausgerissen, so daß man dann nackte Zotten ohne Epithel und anderseits Stücke von leerem Synzytium (*2*) finden kann, an welchem sich in sehr instruktiver Weise durch Drehen der Mikrometerschraube bald auf den optischen Schnitt des Epithels, bald auf die Fläche einstellen läßt.

2. Proliferationsinseln (*1*, *Pr. I.*) sind verdickte Stellen des Synzytiums, welche eine größere Menge Kerne (von kugeliger Form und geringerer Größe als im übrigen Synzytium) enthalten. Sie finden sich vorwiegend an den Enden der Zottenverzweigungen aber auch seitenständig. Da es sich um amöboid bewegliche Protoplasmamassen handelt, kann man alle möglichen Formen sehen, von einfachen klumpigen Verdickungen bis zu gestielten Lappen, die man dann häufig abgerissen vorfindet (*Pr. I. is.*), so daß sie den Eindruck einer vielkernigen Riesenzelle machen.

3. Als Fibrinoid (*F*) bezeichnet man hyalin degenerierte Stellen des Zottenepithels, die keine Kerne mehr erkennen lassen, stark lichtbrechend und von ungleichmäßiger Struktur sind und eine rauhe, höckerige Oberfläche besitzen. Es findet sich vorwiegend an stärkeren Zottenstämmen und läßt sich am leichtesten in situ mit schwacher Vergrößerung aufsuchen, findet sich naturgemäß aber auch in isolierten Schollen.

4. Fast immer kann man in einem Plazentazupfer farblose Kügelchen von verschiedenster Größe (*K*) finden, die nur um weniges stärker lichtbrechend sind als die Flüssigkeit; es dürfte sich vielleicht um verquellende Partikelchen halbflüssiger Fibrinoidmassen handeln, die durch die mechanische Zertrummerung mit der Flüssigkeit in Berührung kommen und dadurch zur Quellung gebracht werden.

5. Deziduazellen (*D. Z.*) findet man nur, wenn man Stückchen vom uterinen Gewebe der Plazenta (von der Ablösungsfläche) zerzupft hat. Es sind außerordentlich große, länglich ovoide Zellen mit riesigem, ovalem, bläschenförmigem Kern (oft auch mehrkernig), die häufig Fetttröpfchen enthalten. Sie

sind (im Zupfpräparat) nicht sicher von den sogenannten Trophoblastzellen (Langhans) zu unterscheiden, die als stellenweise Reste und Wucherungen jener basalen (nicht synzytialen) Schichte des Chorionektoderms, die in den ersten Embryonalmonaten noch alle Zotten überzieht, dauernd erhalten bleiben. (Solche Trophoblastzellen (*D.* (*Tr.*) *Z.*) finden sich zunächst konstant an der Winklerschen Basalplatte, daher neben den eventuell durch ihre besondere Größe hervorstechenden Deziduazellen fast immer in einem aus der Ablösungsfläche herausgeschnittenen Stückchen; sie kommen aber als „Zellinseln" auch in stärkeren Zottenstämmen vor, so daß man zufälligerweise in einem ausschließlich den Zotten entnommenen Zupfpräparat ebenfalls auf deziduazellenähnliche Zellen, eben Trophoblastzellen, stoßen kann.)

6. Sonstiges: Ein Plazentazupfer eignet sich besonders dazu, die roten und weißen Blutkörperchen in möglichst frischem, unverändertem Zustande zu studieren. Er ersetzt also, bis auf die Blutplättchen, ein Nativpräparat des Blutes. Die (neutrophilen und oxyphilen) Leukozyten zeigen meist noch amöboide Bewegung (Pseudopodienbildung, vgl. Abb. 7, *w. Bl. 3* und *4* rechts).

Tafel I—XXVIII

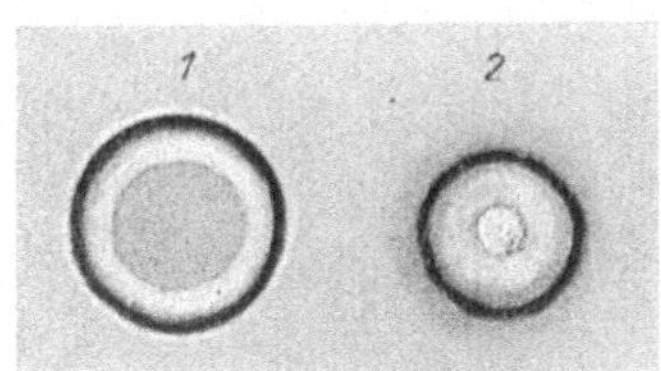

Abb. 1. Fettropfen 450fach; *1* bei mittlerer, *2* bei hoher Einstellung

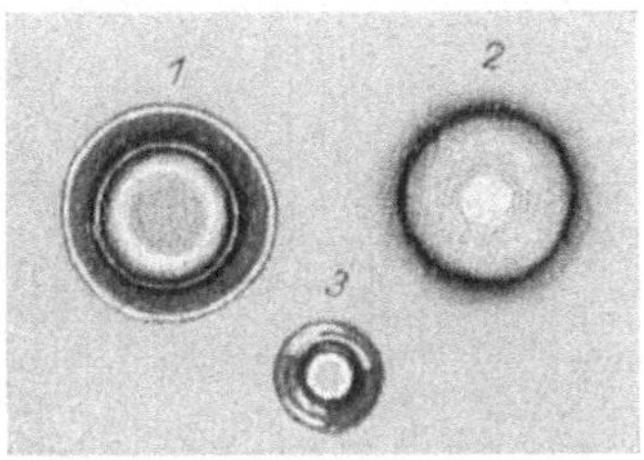

Abb. 2. Luftblasen; *1* bei mittlerer, *2* bei tiefer Einstellung, 450fach; *3* 130fach bei mittlerer Einstellung

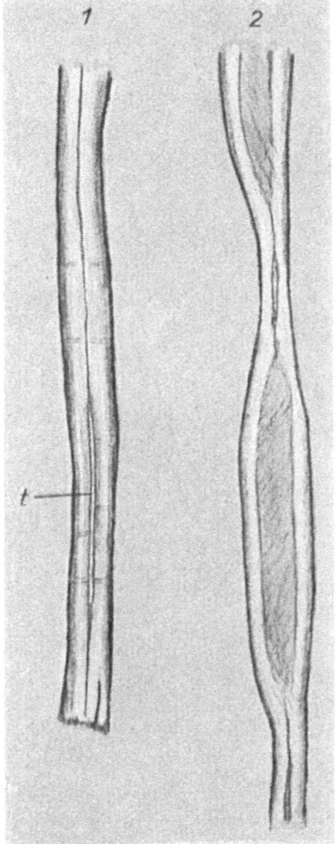

Abb. 3. Pflanzenfasern, 450fach; *1* Leinenfaser (bei *t* das Lumen in tiefer Einstellung, daher als helle Linie); *2* Baumwollfaser

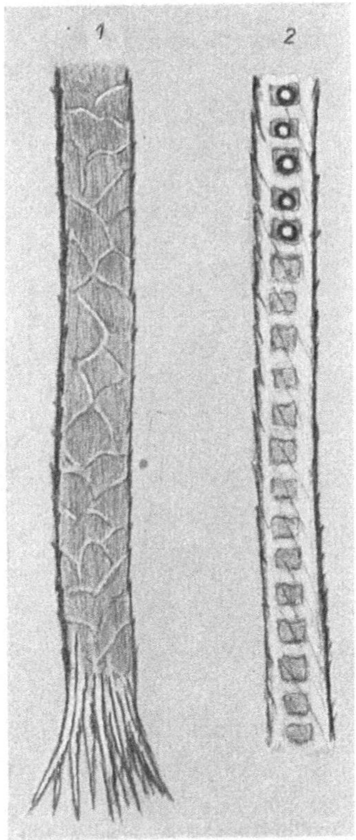

Abb. 4. Tierische Haare, 450fach; *1* Schafwollfaser; *2* Hasenhaar, markhaltig (oben Luftbläschen in den leeren Markzellen)

Verlag von Julius Springer in Wien

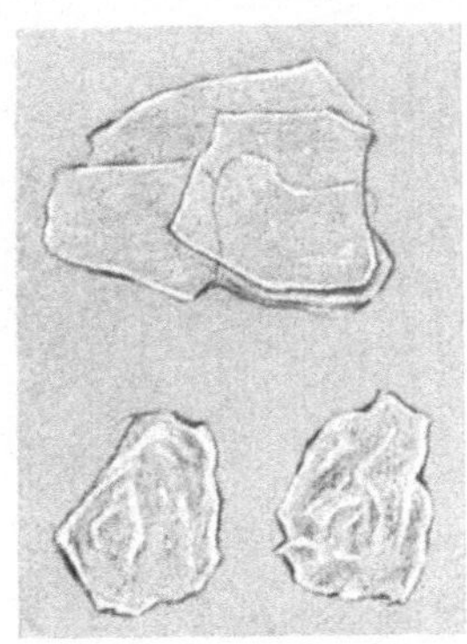

Abb. 5. Epidermisschuppen, 450fach

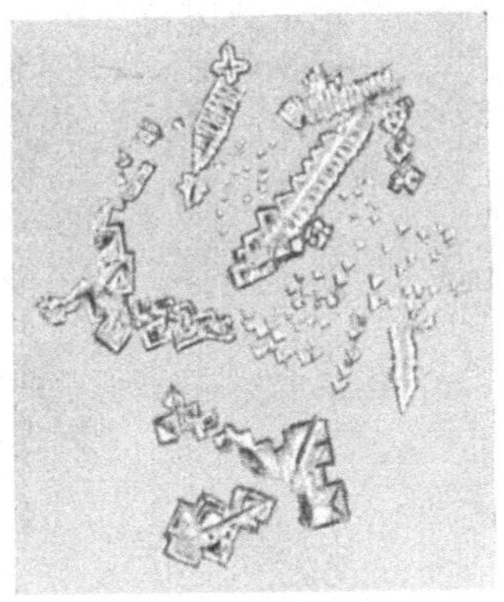

Abb. 6. Kochsalzkristalle, 450fach

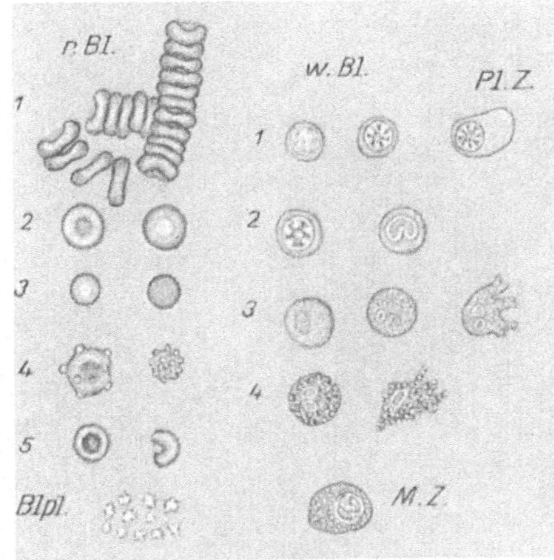

Abb. 7. Zellen des Blutes usw., 450fach; *r. Bl.* = rote Blutkörperchen: *1* Profilansichten, Sympexis; *2* Scheibenform von der Fläche, links bei hoher, rechts bei tiefer Einstellung; *3* Kugelform, links bei hoher, rechts bei tiefer Einstellung; *4* Zackenbildungen, links an einem scheibenförmigen, rechts an einem kugeligen Blutkörperchen; *5* Napfform, links von der Fläche (hohe Einstellung), rechts Profil. *Blpl.* = Blutplättchen. *w. Bl.* = weiße Blutkörperchen: *1* Lymphozyten, links Kern und Plasmasaum undeutlich, rechts deutlich; *2* großer rundkerniger Leukozyt (links) und Übergangsform (rechts); *3* feingranulierte, neutrophile Leukozyten, links Kern und Granula undeutlich, Mitte beides deutlich, rechts mit Pseudopodien; *4* grobgranulierte oxyphile Leukozyten, rechts mit Pseudopodien. *M. Z.* = Mastzelle. *Pl. Z.* = Plasmazelle

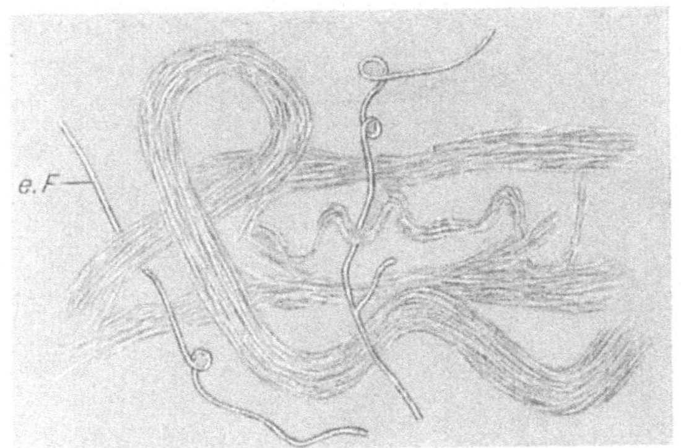

Abb. 8. Kollagene Fibrillenbündel und elastische Fasern (*e. F.*), 450fach

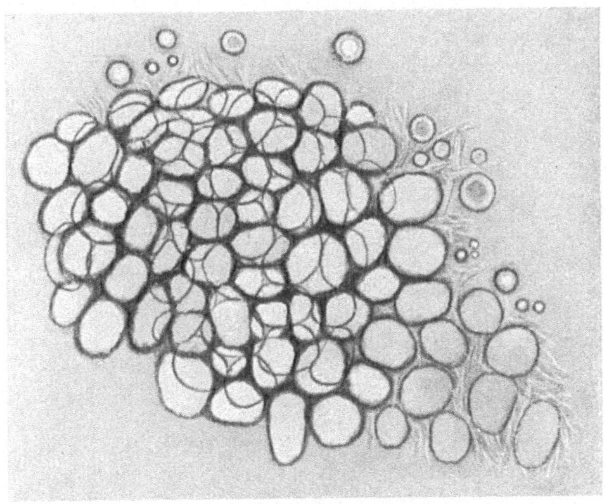

Abb. 9. Fettgewebe, 130fach; die dick umrahmten, stark aufleuchtenden Zellen liegen in einer Schichte, auf die hoch eingestellt ist, gleichzeitig sind die darüber gelegenen Zellen bei tiefer Einstellung (fein konturiert) mitgezeichnet; isolierte Fetttropfen bei hoher und tieferer Einstellung

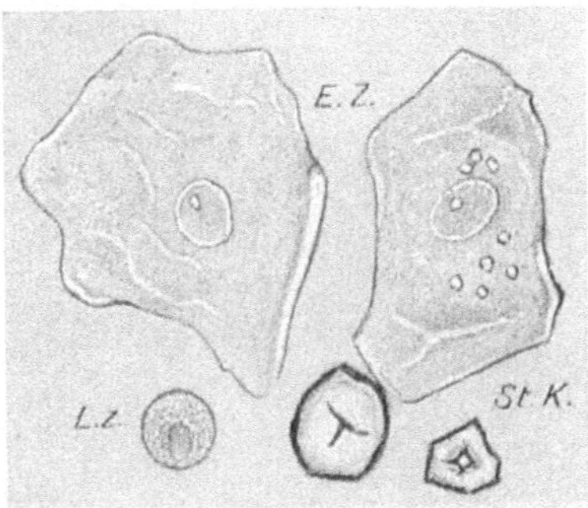

Abb. 10. Speichel, 450fach; *E.Z.* = Epithelzellen des Mundhöhlenepithels; *L.Z.* = feingranulierter Leukozyt (Speichelkörperchen); *St. K.* = Stärkekörner

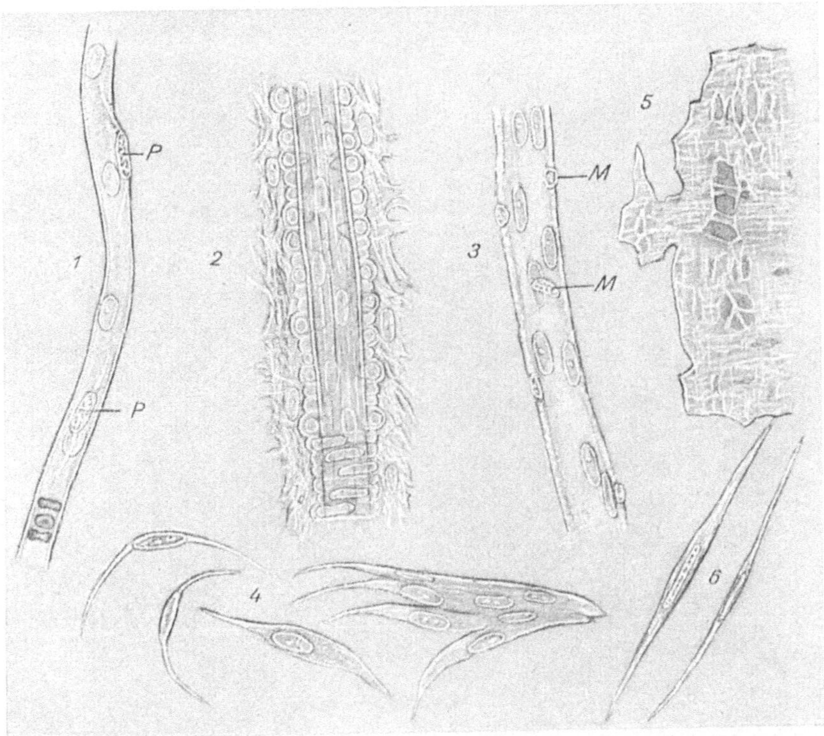

Abb. 11. Gefäße usw., 450fach; *1* Kapillare, *P* = Perizytenkerne; *2* kleine Arterie, Einstellung auf den optischen Längsschnitt (unten Einstellung auf die Oberfläche); *3* kleine Vene, *M* = Muskelkerne; *4* isolierte Endothelzellen; *5* Stück einer isolierten Membrana elastica interna (Arteria arciformis, Niere); *6* glatte Muskelfasern, links von der Fläche, rechts im Profil

Verlag von Julius Springer in Wien

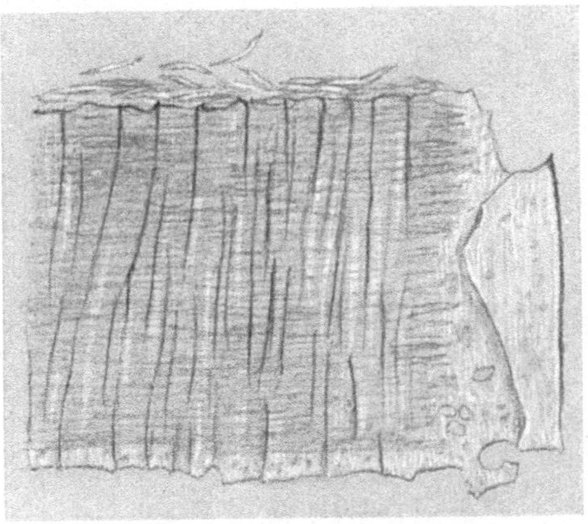

Abb. 12. Membrana elastica interna, 130fach (aus einer Arteria arciformis der Niere); links mit noch anhaftenden Muskelfasern der Media

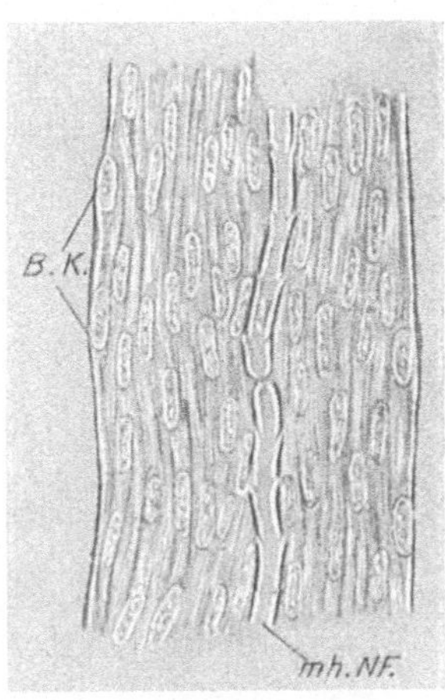

Abb. 13. Markloses Nervenbündel, 450fach; *B.K.* = Bindegewebskerne des Perineuriums; *mh. Nf.* = markhaltige Nervenfaser

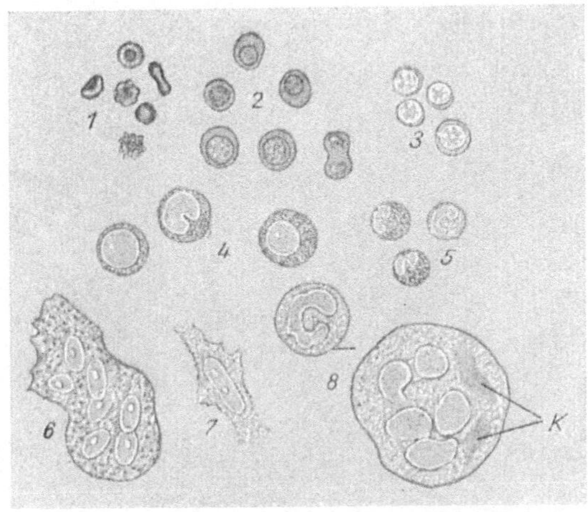

Abb. 14. Knochenmark (Meerschweinchen), 450fach; *1* rote Blutkörperchen; *2* Erythroblasten (oben drei Normoblasten, unten drei Megaloblasten); *3* kleine und große rundkernige Leukozyten; *4* Markzellen; *5* grobgranulierte und feingranulierte Leukozyten; *6* Ostoklast; *7* Retikulumzelle; *8* zwei Megakaryozyten, *K* Kanälchen im Zytoplasma

Verlag von Julius Springer in Wien

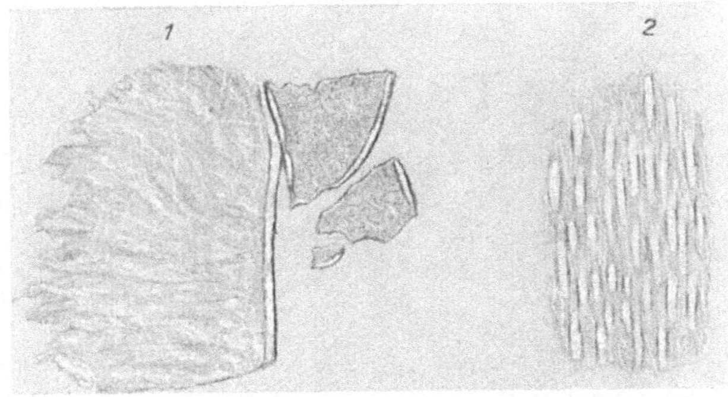

Abb. 15. Nabelstrang, 130fach; *1* Stück der Whartonschen Sulze mit anhaftendem Amnionepithel und isolierte Schollen von solchem; *2* Stück einer Gefäßwand mit aufleuchtenden glatten Muskelfasern

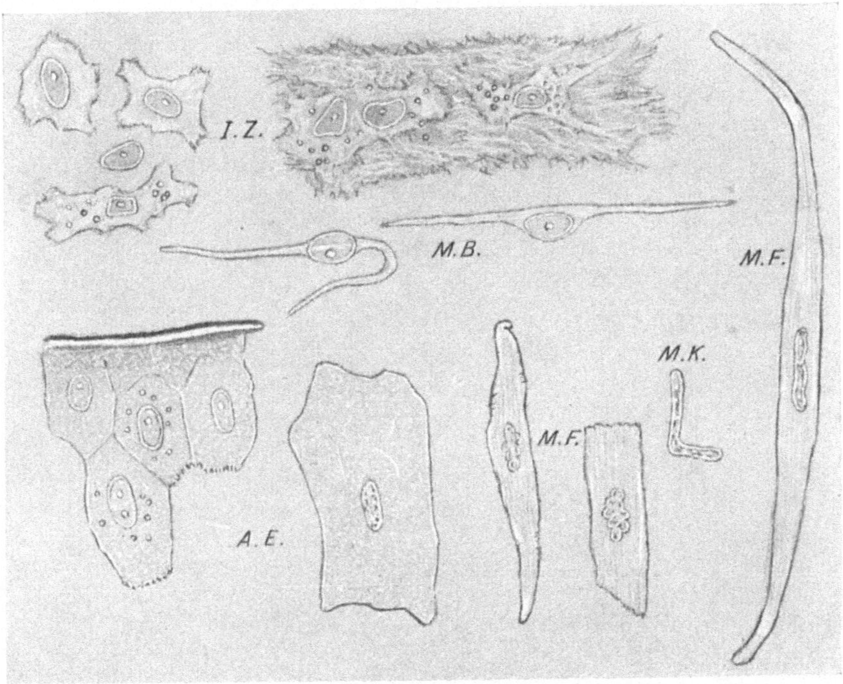

Abb. 16. Nabelstrang, 450fach; *I. Z.* = Inozyten (links isoliert, rechts in der Grundsubstanz); *A. E.* = Amnionepithel; *M. F.* = glatte Muskelfasern, *M. K.* = Kern einer solchen; *M. B.* = Myoblasten

Verlag von Julius Springer in Wien

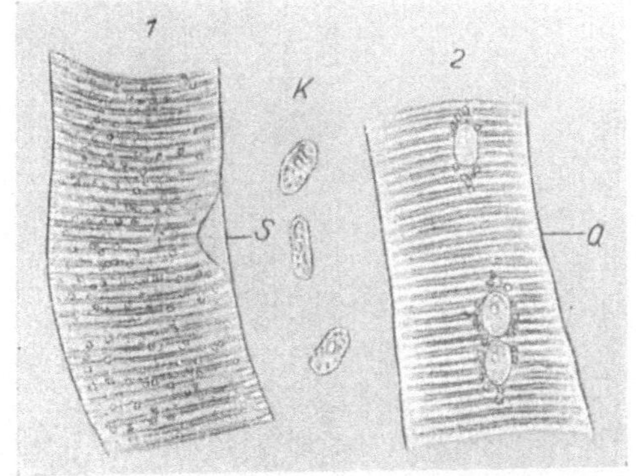

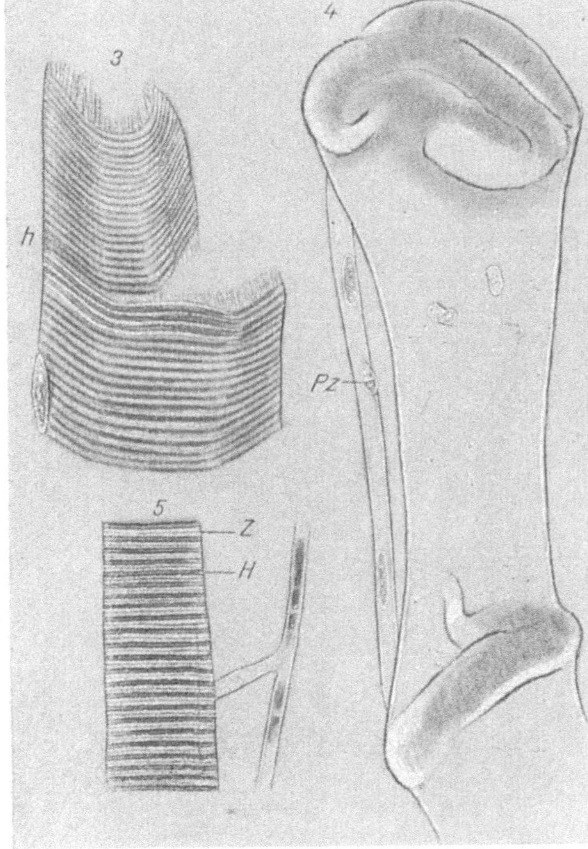

Abb. 17. Skelettmuskel, 450fach; *1* Stück einer „trüben" Faser, *S* = abgehobenes Sarkolemm. *2* Faserstück mit *Q*-Streifen (*Q*) bei Einstellung auf die Oberfläche (Kerne in der Flächenansicht). *K* = isolierte Muskelkerne. *3* Faserstück mit *Q*-Streifen, die oben sehr eng gelagert sind; oben isolierte Fibrillen; bei *h* *Q*-Streifen in hoher Einstellung (hell), sonst in tiefer Einstellung (dunkler); links unten Kern, daneben Z-Streifen. *4* Durch Zusammenziehung des Faserinhaltes auf stark kontrahierte Klumpen ist ein großes Stück des Sarkolemmschlauches freigelegt; drinnen Sarkosomen und isolierte Kerne; links leere Kapillare mit Perizytenkern (*Pz*). *5* Faserstück mit deutlichen *Z*- und *H*-Streifen (*Z. H.*) in tiefer Einstellung; rechts Kapillare mit zylindrischen roten Blutkörperchen

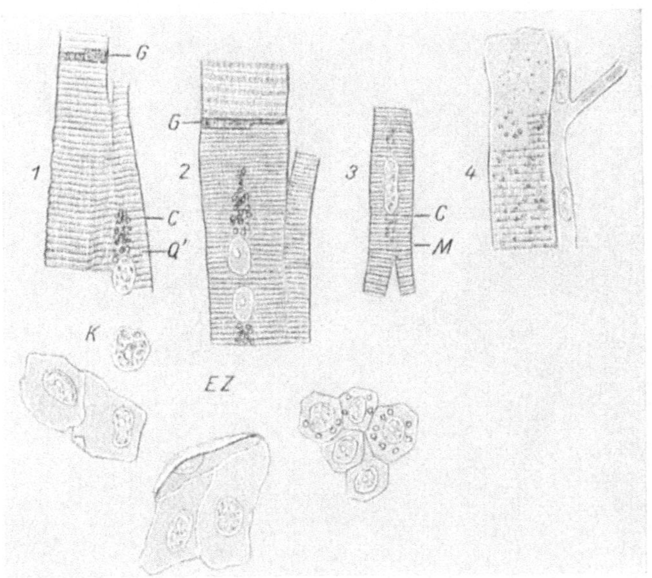

Abb. 18. Herzmuskel, 450fach; *1* verzweigtes Faserstück, rechts unten Kern; Streifung C—Q'; links oben Glanzstreifen (*G*). *2* Faserstück mit einem durch einen Glanzstreifen (*G*) vermittelten Übergang zwischen einem erschlafften Abschnitt mit Q-, J- und Z-Streifen und einem kontrahierten mit C—Q'-Streifung. *3* Faserstück mit (dickeren) C- und (feineren) M-Streifen. *4* „trübes" Faserstück, oben eine umhüllende Membranelle freigelegt, rechts Kapillare. *K* = isolierter Muskelkern. *EZ* = Gruppen endokardialer Epithelzellen

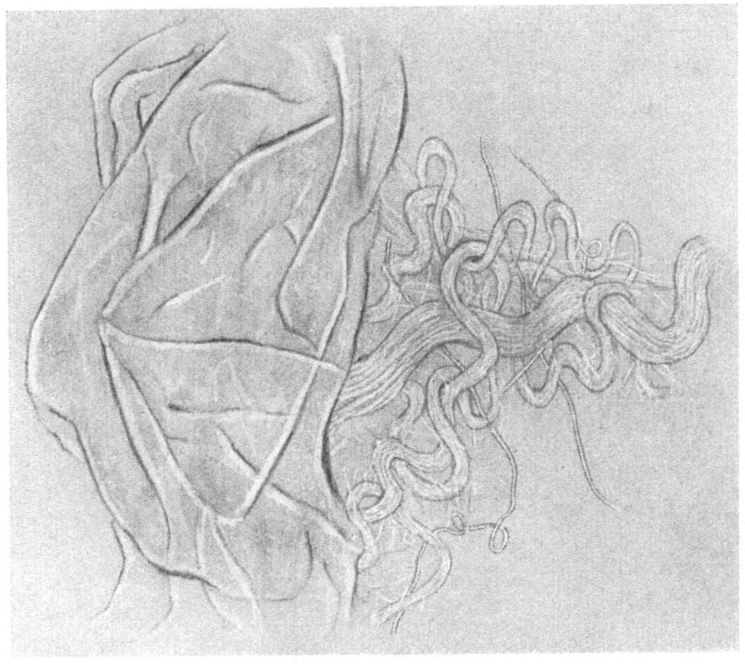

Abb. 19. Perineurium (links) und kollagene Bündel sowie elastische Fasern des Epineuriums (rechts), 130fach

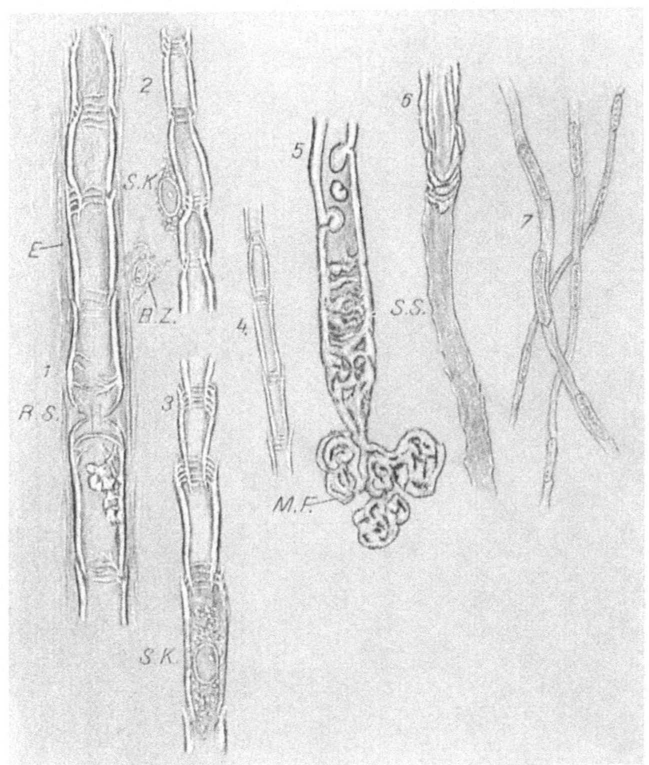

Abb. 20. Nerv, 450fach; *1—6* = markhaltige, *7* = marklose Fasern; an *1* ein Ranvierscher Schnürring (*R. S.*) sowie Fibrillen des Endoneuriums (*E*) und eine Bindegewebszelle (*B.Z.*); an *2* ein Schwannscher Kern (*S. K.*) in der Profil-, an *3* ein solcher in der Flächenansicht; *4* eine kleinkalibrige Nervenfaser, wie die vorigen mit deutlichen Inzisuren und Golgischen Spiralen; *5* Zersplitterung der Myelinscheide, unten Austritt von „Myelinformationen"; *6* an einer Faser mit zersplitterter Myelinscheide hängt ein Stück der leeren Schwannschen Scheide (*S. S.*)

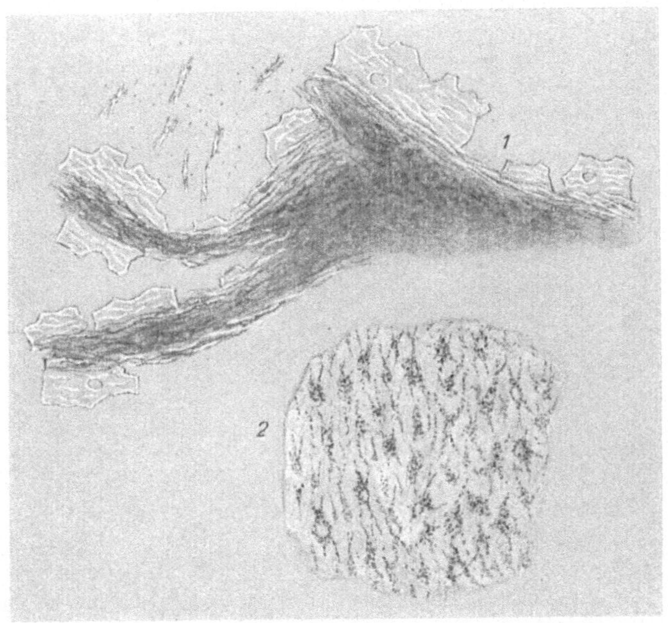

Abb. 21. Aorta, 130fach; *1* Stück der Media mit herausragenden elastischen Platten; daneben isolierte Muskelzellen und Kalkkörnchen; *2* Stück der innersten Intimaschichte (sklerotisch), die verfetteten Langhansschen Zellen treten als schwarze Flecken hervor

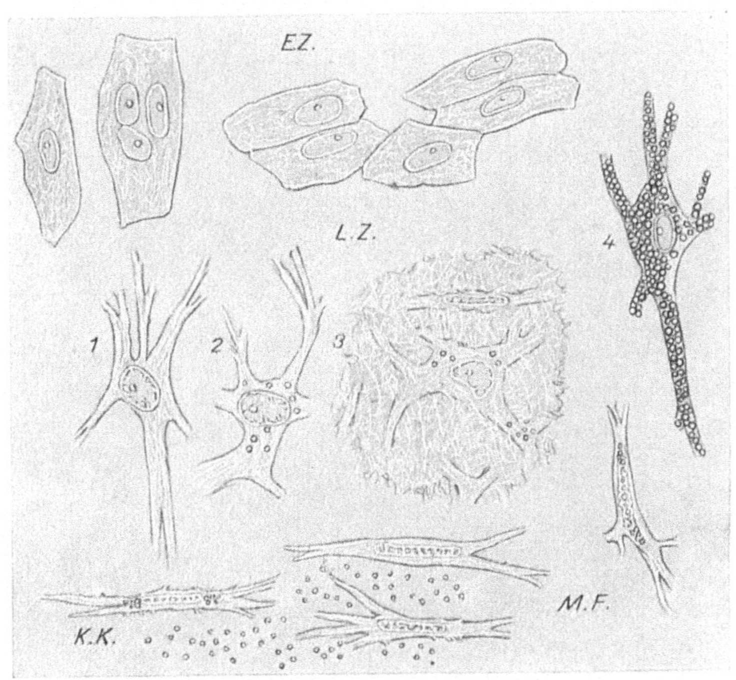

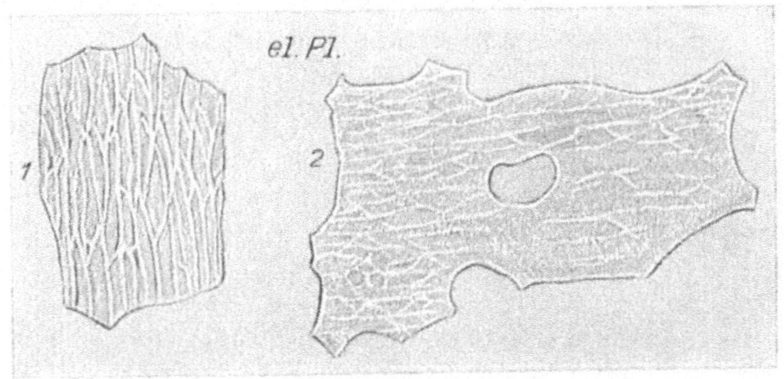

Abb. 22. Aorta, 450fach; *E. Z.* = Endothelzellen. *L. Z.* = Langhanssche Zellen, *1* und *2* isoliert, *3* in situ, *4* verfettet. *M. F.* = verzweigte glatte Muskelfasern. *K. K.* = Kalkkörnchen. *el. Pl.* = elastische Platten der Media, *1* Netzfaserplatte, *2* teilweise homogene und durchlöcherte Platte

Verlag von Julius Springer in Wien

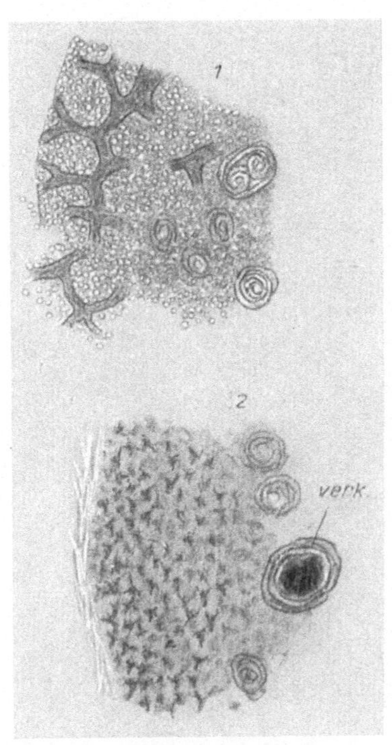

Abb. 23. Thymus, 130fach; *1* normal, lymphozytenreich, natürlich injizierte Kapillaren; *2* stark involviert, Retikulumzellen als schwarze Flecken hervortretend; *verk.* = verkalktes Hassallsches Körperchen

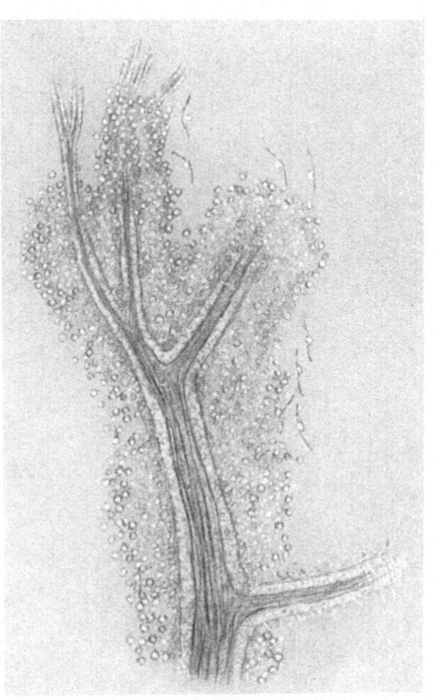

Abb. 24. Milz, 130fach; Arterie mit umgebendem lymphoretikulären Gewebe, isolierte Endothelzellen kapillarer Milzvenen

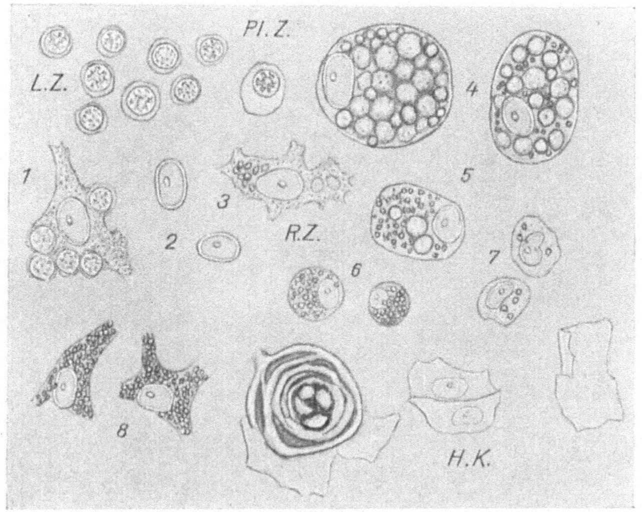

Abb. 25. Thymus, 450fach; *Lz* = große und kleine Lymphozyten. *Pl. Z.* = Plasmazelle. *1* bis *8* Retikulumzellen: *1* in situ; *2* isolierte Kerne; *3* mit Einschlüssen und Vakuolen; *4*, *5*, *6*, *7* abgerundete Formen mit phagozytierten Lymphozyten bzw. Lezithinkörnchen; *8* aus einer Thymus wie Abb. 23, *2*. *H. K.* = Hassallsches Körperchen und isolierte Zellen eines solchen

Verlag von Julius Springer in Wien

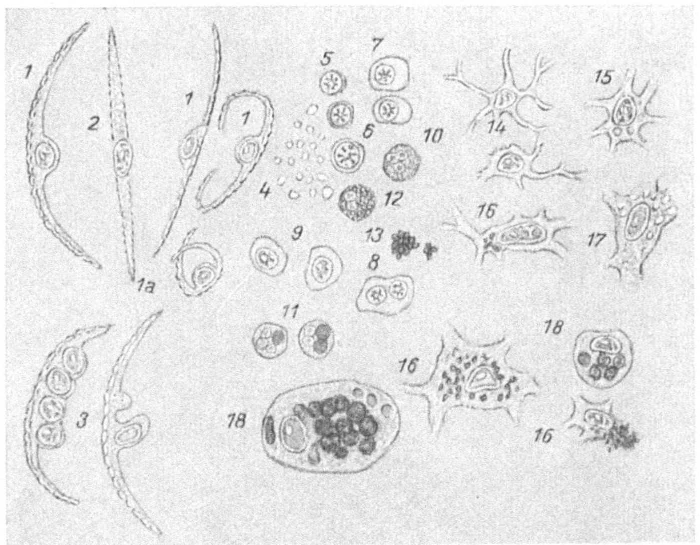

Abb. 26. Milz, 450fach: *1* bis *3* Endothelzellen kapillarer Milzvenen, im Profil (*1*), mit übereinandergeschlagenen Fortsätzen (*1 a*), von der Fläche (*2*) und mehrkernig (*3*). *4* „Milzkörnchen"; *5* Lymphozyten; *6* großer rundkerniger Leukozyt; *7* zwei Plasmazellen; *8* zweikernige Plasmazellen; *9* nicht mehr typische Plasmazellen; *10* feingranulierter Leukozyt; *11* zwei feingranulierte Leukozyten mit phagozytierten roten Blutkörperchen; *12* grobgranulierter Leukozyt; *13* isolierte Pigmentkörner; *14* zwei Retikulumzellen mit feinen Fortsätzen; *15, 16, 17* solche mit plumpen Fortsätzen mit Vakuolen (*15*), Pigment (*16*), farblosen Einschlüssen (*17*); *18* abgerundete Zellen mit phagozytierten roten Blutkörperchen

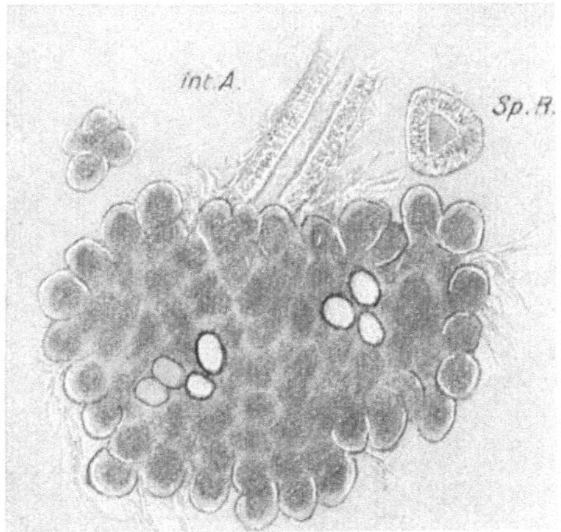

Abb. 27. Mandibularis, 130fach; unzerzupfte Partie mit hervortretenden Endstücken und vereinzelten Fettzellen; *Sp. R* = Speichelrohr; *int. A.* = interlobulärer Teil des Ausführungsganges

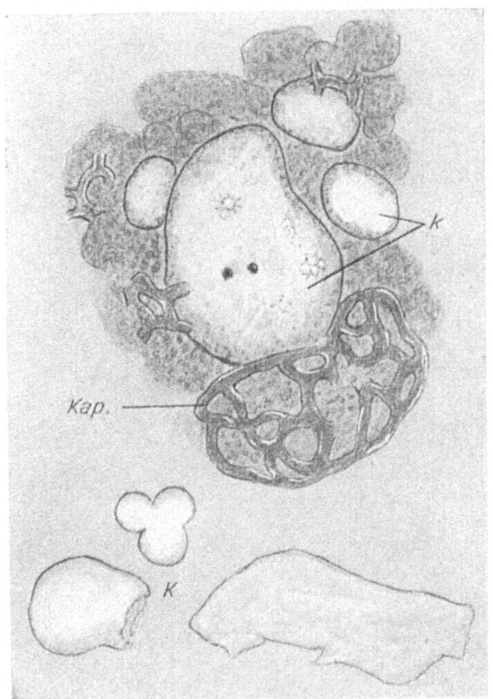

Abb. 28. Schilddrüse, 130fach; *Kap.* = Kapillarnetz der Alveolen in natürlicher Blutfüllung; *k* = kolloidgefüllte Alveolen; *K* = isoliertes Kolloid

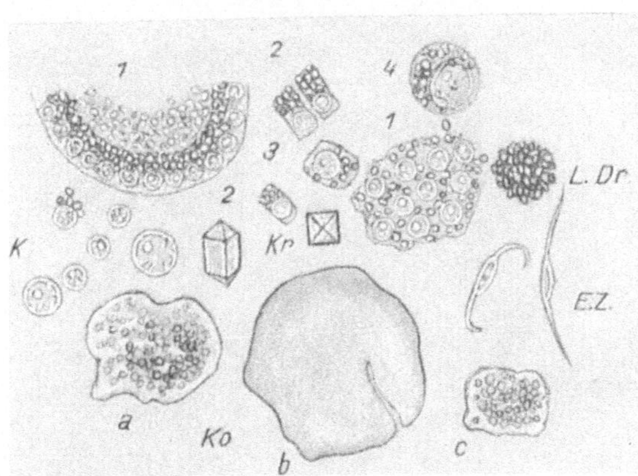

Abb. 29. Schilddrüse, 450fach; *1* zusammenhängende Stücke von Alveolenwänden; *2, 3, 4* Drüsenzellen von verschiedener Größe; *K* = isolierte Kerne von Drüsenzellen; *L. Dr.* = Lipoiddruse; *Kr* = Kristalle; *KO* = Kolloid, *a* und *c* mit eingeschlossenen Lipoidkörnchen; *E. Z.* = Endothelzellen

Verlag von Julius Springer in Wien

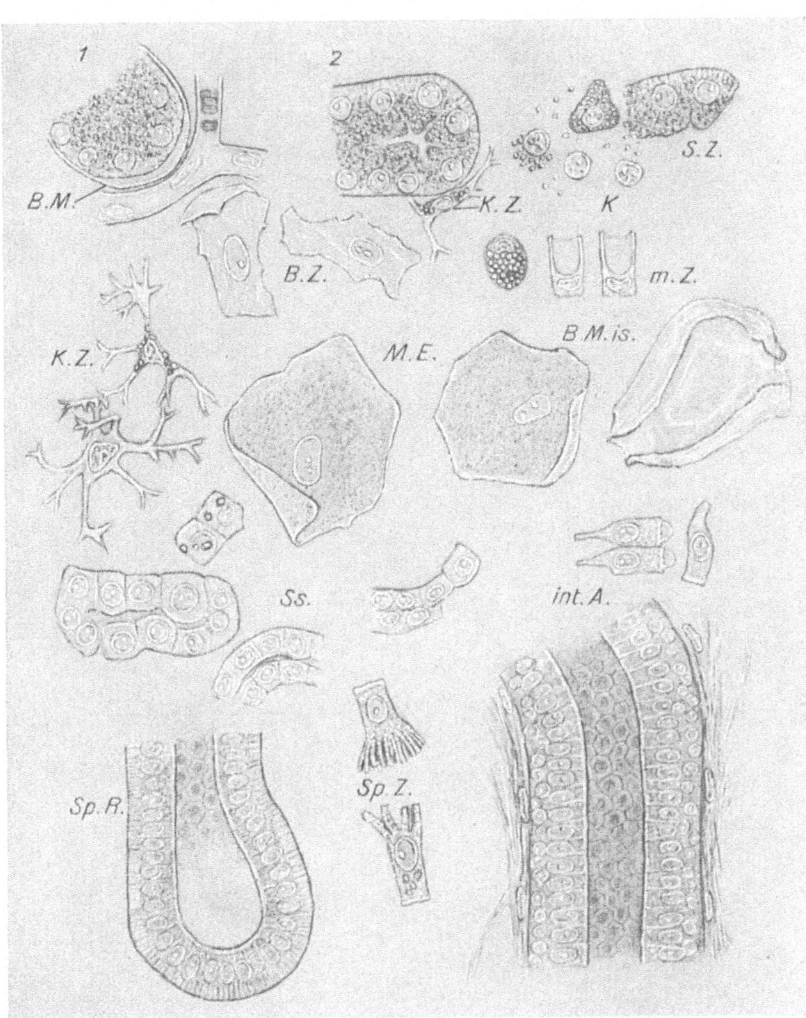

Abb. 30. Mandibularis, 450fach; *1* und *2* Endstücke, *1* mit bindegewebiger Basalmembran (*B. M.*) und Kapillare, *2* mit anhaftender Korbzelle (*K.Z.*) und Lumen; *S.Z.* = seröse Drüsenzellen, zum Teil isoliert, *K* = ihre Kerne und Sekretgranula; *m.Z.* = muköse Zellen mit Sekretkörnchen und leer; *K.Z.* = Korbzellen; *B.Z.* = platte Bindegewebszellen von der Basalmembran; *B. M. is.* = isolierte Basalmembran; *M. E.* = Zellen des Mundhöhlenepithels; *Ss.* = Zellen und Teile von Schaltstücken; *Sp. R.* = Speichelrohr; *Sp.Z.* = Speichelrohrzellen isoliert; *int.A.* = interlobulärer Teil des Ausführungsganges und isolierte Zellen davon

Verlag von Julius Springer in Wien

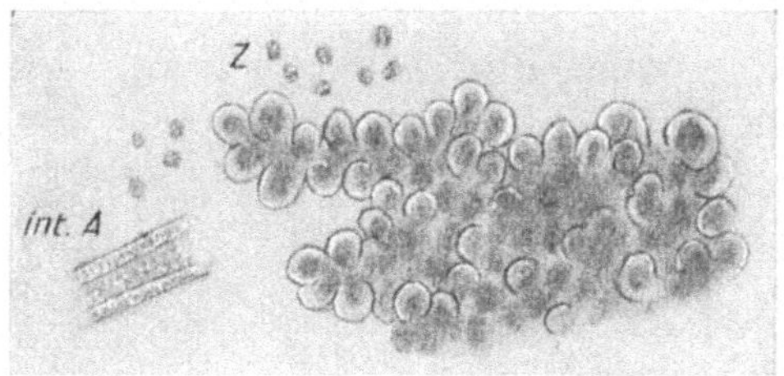

Abb. 31. Pankreas, 130fach; unzerzupfte Partie mit hervortretenden Endstücken; *int. A.* = interlobulärer Teil des Ausführungsganges; *Z* = isolierte Drüsenzellen

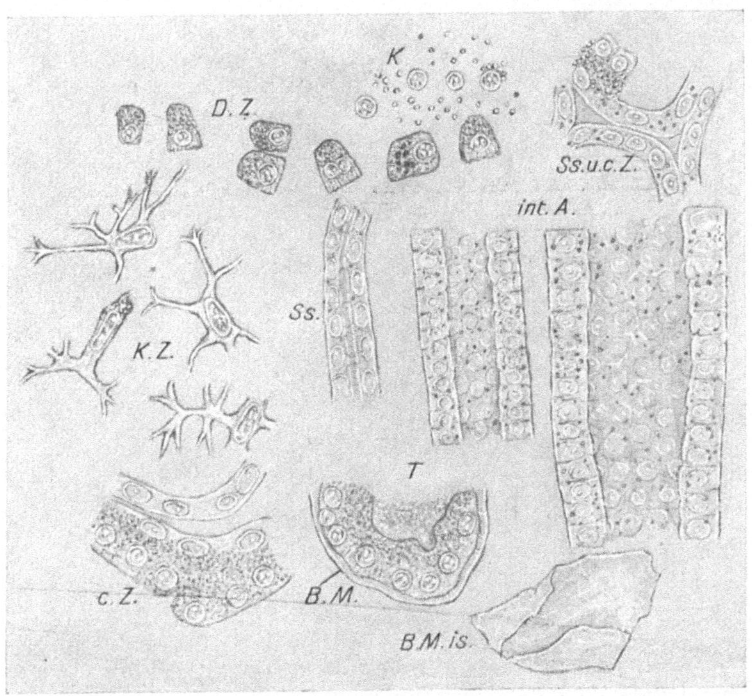

Abb. 32. Pankreas, 450fach; *D. Z.* = Drüsenzellen, K = ihre Kerne und Sekretgranula; *T* = Tubulus mit anhaftender Basalmembran (*B. M.*), dessen weites Lumen wahrscheinlich durch herausgerissene zentroazinäre Zellen zu erklären ist; *Ss* = Schaltstück; *S. s. u. c. Z.* = Schaltstück und sein Übergang in zentroazinäre Zellen; *c. Z.* = zentroazinäre Zellen mit anhaftenden Drüsenzellen; *K. Z.* = vier Korbzellen; *B. M. is.* = isolierte Basalmembran; *int. A.* = zwei interlobuläre Abschnitte des Ausführungsganges von verschiedener Größe

Verlag von Julius Springer in Wien

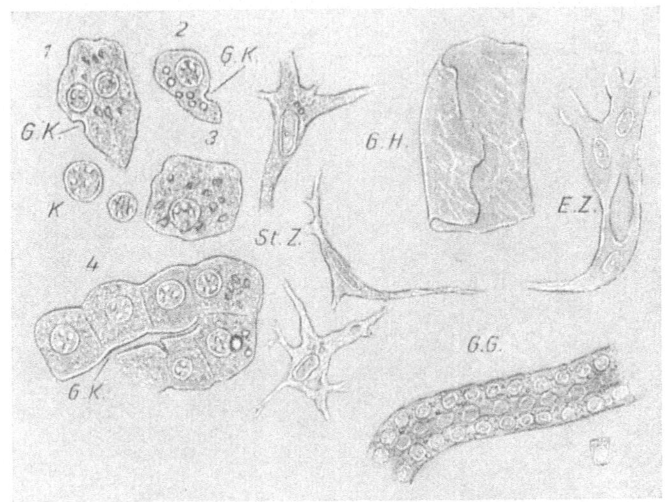

Abb. 33. Leber, 450fach; *1, 2, 3, 4* Leberzellen, Pigmentschollen in *1* und *3*, Fetttröpfchen in *2*; *G. K.* = Gallenkapillaren, Teile ihrer Begrenzungsflächen an *1* und *2*, zur Gänze in der Zellgruppe *4*; *K* = Leberzellkerne; *St. Z.* = drei Kupffersche Sternzellen; *E. Z.* = synzytiale Gruppe von Endothelzellen; *G. H.* = Grundhäutchen einer kapillaren Lebervene; *G. G.* = Gallengang

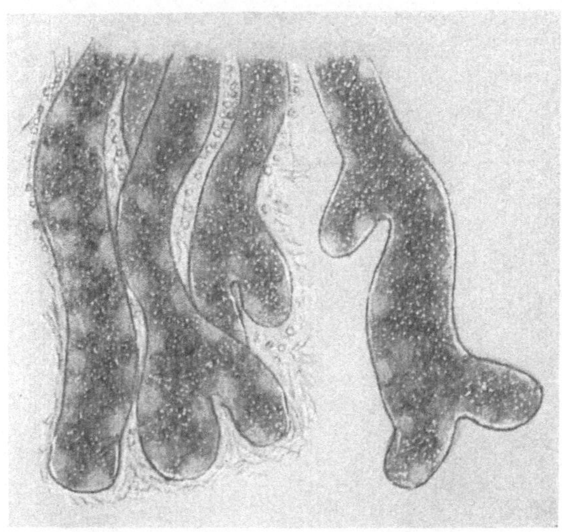

Abb. 34. Magenfundus, 130fach; unzerzupfte Drüsenschläuche

Verlag von Julius Springer in Wien

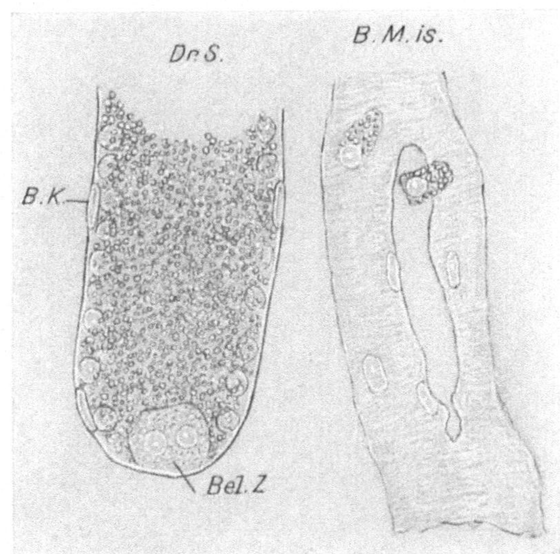

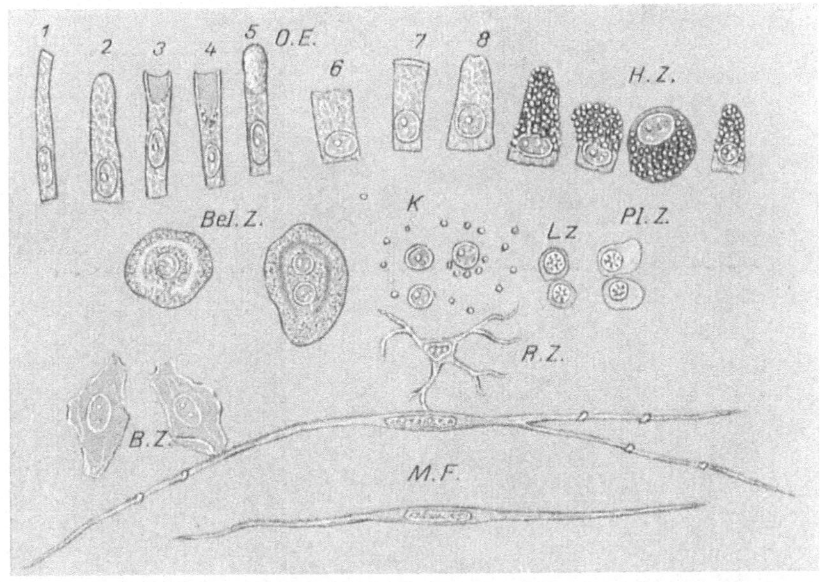

Abb. 35. Magenfundus, 450fach; *Dr. S.* = Teil eines unzerzupften Drüsenschlauches mit anhaftender Basalmembran und deren Bindegewebskernen (*B. K.*), bei *Bel. Z.* eine Belegszelle; *B. M. is.* = isolierte Basalmembran eines Drüsenschlauches, teilweise zerrissen; *O. E.* = acht Zellen des Oberflächen- und Grübchenepithels; *H. Z.* = vier Hauptzellen; *Bel. Z.* = zwei Belegszellen; *K* = isolierte Kerne und Sekretgranula; *L. Z.* = Lymphozyten. *Pl. Z.* = Plasmazellen; *R. Z.* = Retikulumzelle; *B. Z.* = platte Bindegewebszellen einer Basalmembran; *M. F.* = glatte Muskelfasern, die verzweigte mit Verdichtungsknoten

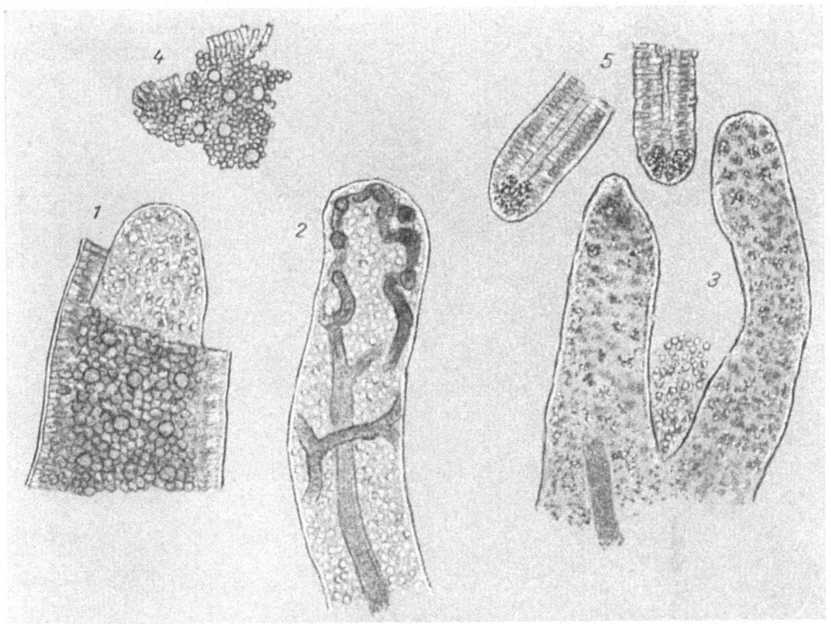

Abb. 36. Dünndarm, 130fach; *1* Zotte mit teilweisem Epithelüberzug; *2* nackte Zotte mit teilweise blutgefüllter zentraler Vene und Kapillaren; *3* Zotten mit fetterfüllten Zellen des Stromas; *4* Epithelfetzen von einer Zotte, Flächenansicht; *5* zwei isolierte Krypten

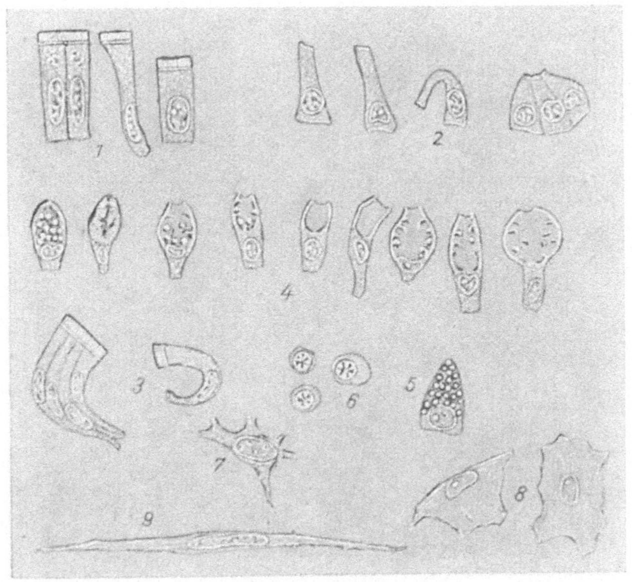

Abb. 37. Dünndarm, 450fach; *1* Zylinderzellen von Zotten; *2* Zylinderzellen von Krypten; *3* pulverhornartig gekrümmte Zylinderzellen (Schubformen); *4* Becherzellen; *5* Panethsche Körnerzelle; *6* Lymphozyten und Plasmazelle; *7* Retikulumzelle; *8* platte Bindegewebszellen einer Basalmembran; *9* glatte Muskelfaser

Verlag von Julius Springer in Wien

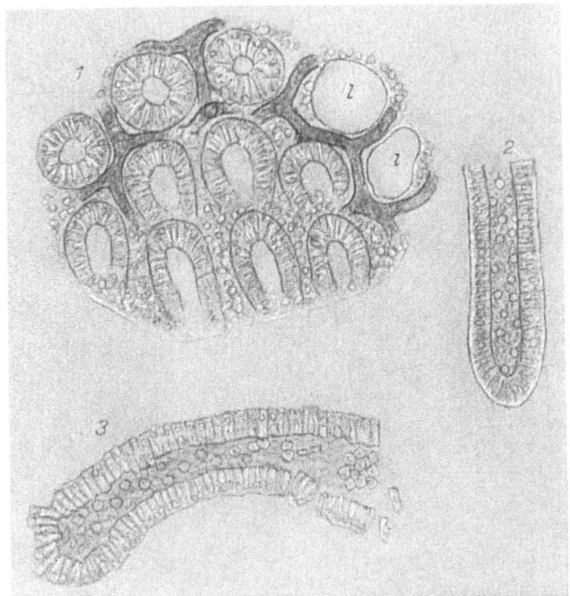

Abb. 38. **Dickdarm**, 130fach; *1* Flächenansicht eines Schleimhautstückes mit optischen Quer- und Schrägschnitten der Krypten, die bei *l* nur als leere Stellen des Stromas hervortreten; *2* Krypte mit Basalmembran; *3* zerfallende Krypte ohne Basalmembran

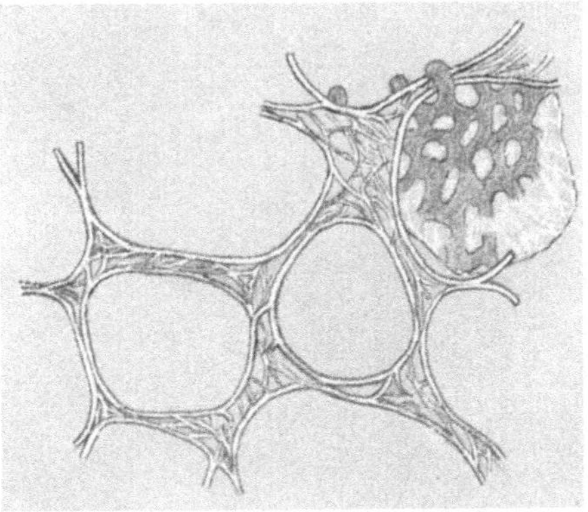

Abb. 39. **Lunge**, 130fach; von elestischen Fasern umrahmte Löcher, welche Alveoleneingängen entsprechen; rechts oben eine Alveolenwand, erhalten mit respiratorischem Kapillarnetz

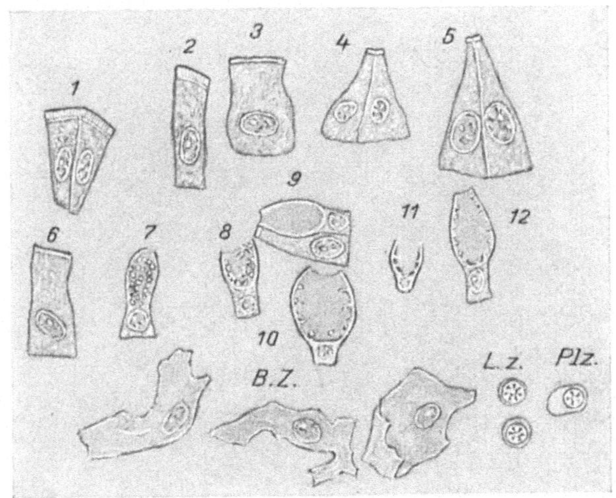

Abb. 40. Dickdarm, 450fach; *1, 2* Zylinderzellen von der Oberfläche; *3* bis *6* Zylinderzellen von Krypten; *7* bis *12* Becherzellen; *B. Z.* = platte Bindegewebszellen von Basalmembranen; *Lz* = Lymphozyten; *Plz* = Plasmazelle

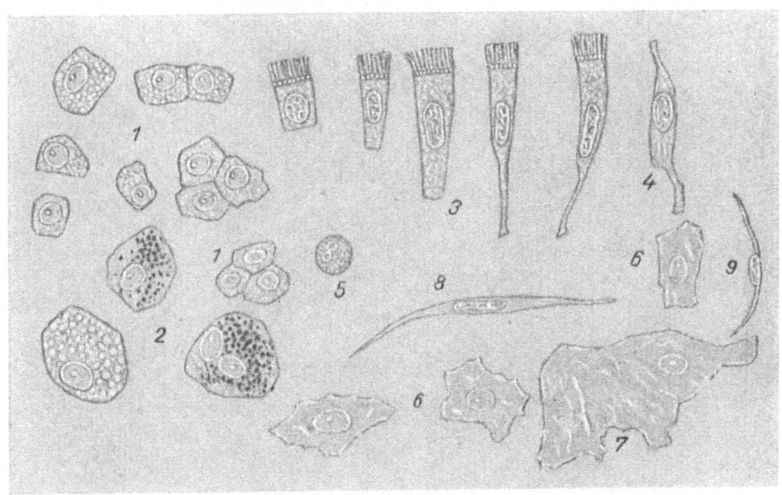

Abb. 41. Lunge, 450fach; *1* Zellen des respiratorischen Epithels; *2* drei Staubzellen; *3* Flimmerzellen; *4* Zelle aus einem mehrreihigen Flimmerepithel, welche die Oberfläche nicht erreicht; *5* feingranulierter Leukozyt; *6* platte Bindegewebszellen von Grundhäutchen der Alveolen (*7*); *8* glatte Muskelfaser; *9* Endothelzelle

Verlag von Julius Springer in Wien

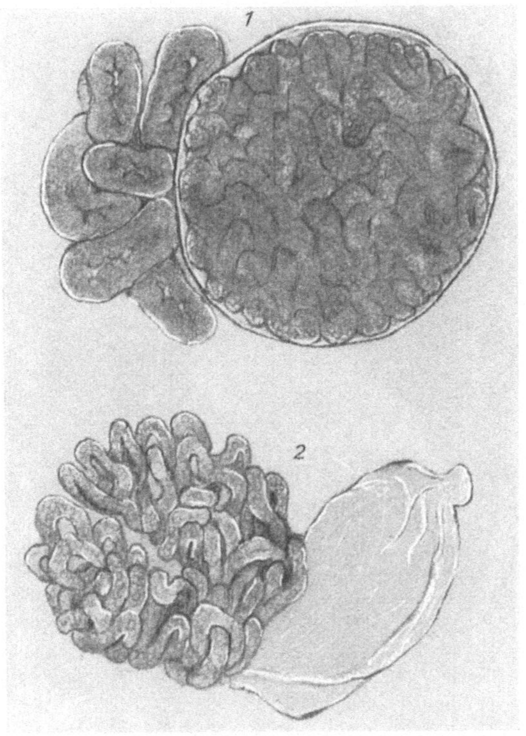

Abb. 42. Niere (Rinde), 130fach; *1* Glomerulus mit Kapsel, links Tubuli contorti; *2* Glomerulus mit der abgestreiften Kapsel

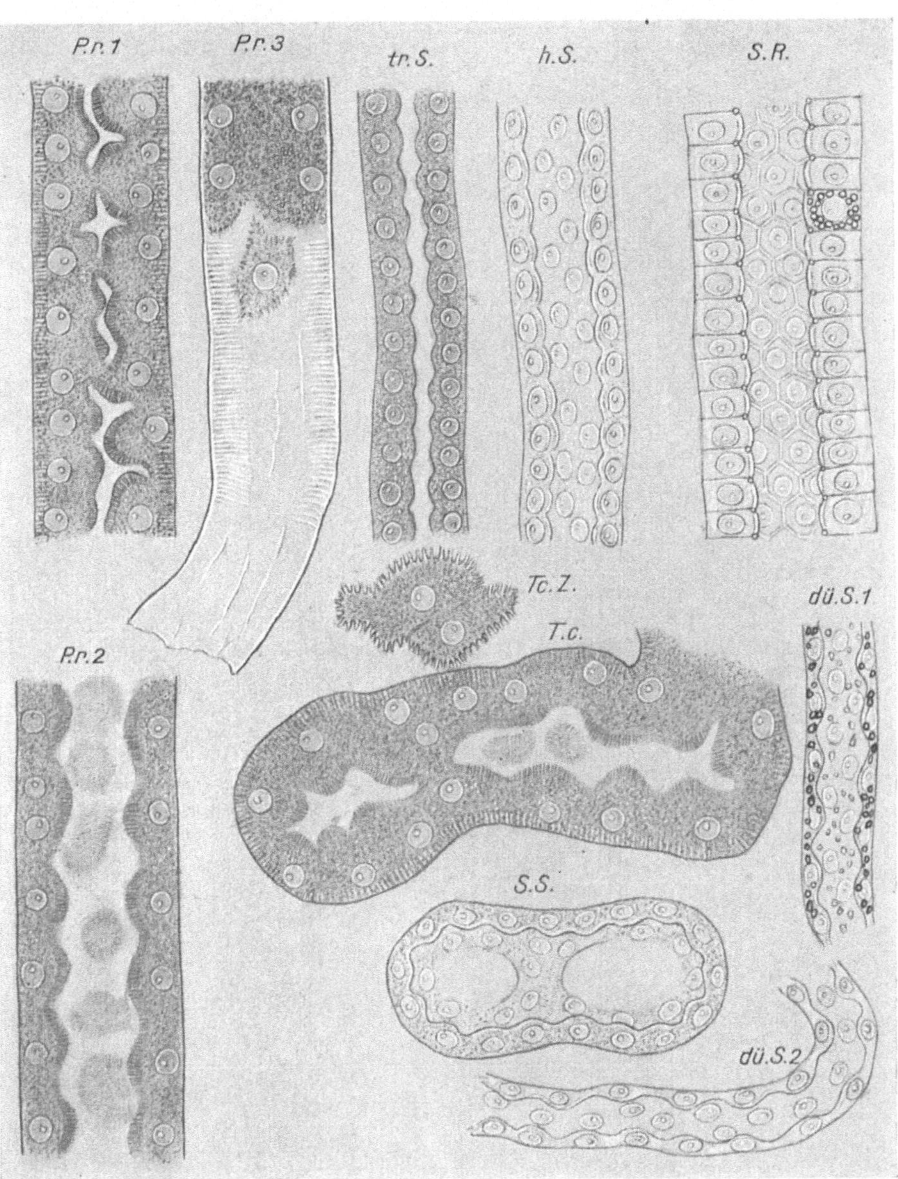

Abb. 43. Niere, 450fach; *T. c.* = Tubulus contortus; *S. S.* = Schaltstück; *P. r. 1* = Pars recta mit zickzackförmigem, *P. r. 2* mit weitem Lumen, *P. r. 3* ohne deutliches Lumen mit anhaftender leerer Membrana propria; *Tc. Z.* = isolierte Zellen eines Tubulus contortus oder einer Pars recta; *tr. S.* = trüber Teil des dicken Schenkels; *h. S.* = heller Teil des dicken Schenkels; *S. R.* = Sammelrohr; *dü. S. 1* = dünner Schenkel mit Kristalloiden, *dü. S. 2*, ohne solche

Verlag von Julius Springer in Wien

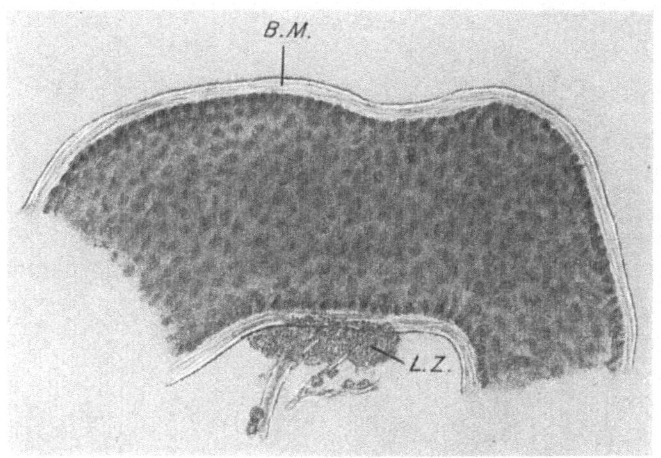

Abb. 44. Hoden, 130fach; unzerzupfter Tubulus seminiferus mit geschichteter Basalmembran (*B. M.*) und anhaftenden Leydigschen Zellen (*L. Z.*)

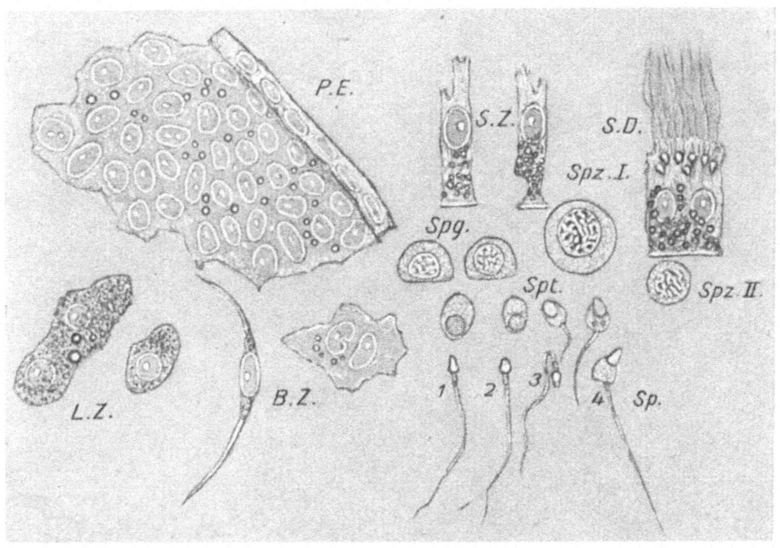

Abb. 45. Hoden, 450fach; *P. E.* = Fetzen des Peritonealepithels (Tunica vaginalis propria); *L. Z.* = Leydigsche Zellen; *B. Z.* = platte Bindegewebszellen der Basalmembran, links im Profil, rechts von der Fläche; *S. Z.* = zwei Sertolische Zellen; *S. D.* = Spermatodesmen; *Spg.* = zwei Spermatogonien; *Spz. I.* = Spermatozyt erster Ordnung; *Spz. II* = Spermatozyt zweiter Ordnung (?); *Spt.* = vier Spermatiden; *Sp.* = vier Spermien

Verlag von Julius Springer in Wien

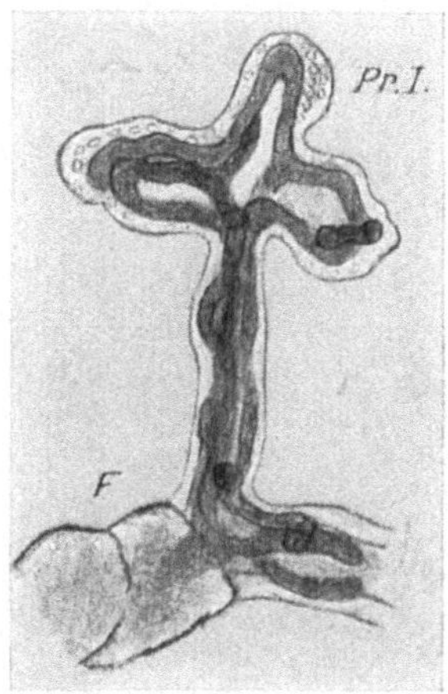

Abb. 46. Plazenta, 130fach; Zottenstämmchen mit Proliferationsinsel (*Pr. I.*) und Fibrinoid (*F*)

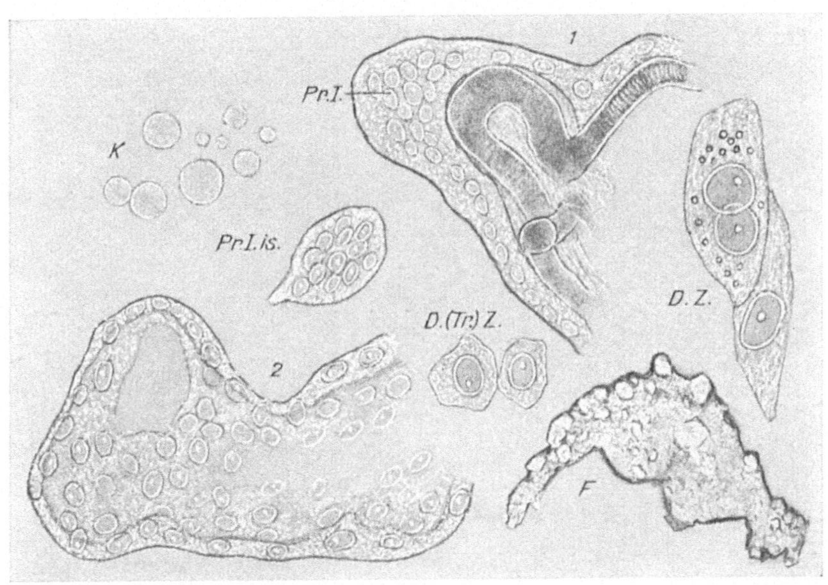

Abb. 47. Plazenta, 450fach; *1* Zottenausläufer mit Stroma; *Pr. I.* = Proliferationsinsel; *2* ein Stück leeres Synzytium; *Pr. I. is.* = abgerissene Proliferationsinsel; *K* = Kügelchen von nicht ganz sicherer Bedeutung; *F* = isoliertes Fibrinoid; *D. Z.* = Deziduazellen; *D.* (*Tr.*) *Z.* = Dezidua- oder Trophoblastzellen